L'ENQUÊTE AGRICOLE

DANS LE DÉPARTEMENT

DES

BASSES-PYRÉNÉES

EN 1866

PAR

Louis SERS

PRÉSIDENT DU COMICE AGRICOLE DE PAU

Secrétaire de la Société d'agriculture des Basses-Pyrénées,
etc., etc.

PAU

IMPRIMERIE ET LITHOGRAPHIE VERONESE
Rue des Cordeliers, Impasse la Foi.

—

1866

L'Enquête prescrite par le Gouvernement a eu
lieu dans les Basses-Pyrénées.

Présidée par l'honorable M. Larrabure, député
de Pau, elle a été conduite avec une impartialité et
une liberté complètes. Nous en remercions notre
honorable représentant. Nous n'attendions pas moins
de l'élévation de ses sentiments et de son dévoue-
ment au pays.

Comme membre de la Commission d'enquête,
j'ai assisté à tous ces débats. J'ai eu, de l'obligeance
de notre Président, la communication des questionnaires présentés par les hommes les plus intelligents parmi nos agriculteurs. C'est à cette source
que j'ai puisé une partie des renseignements qui
vont suivre.

Je publie ces informations *sous ma responsabilité personnelle.*

Les questions agitées sont nombreuses. La Commission d'enquête n'avait pas pour mission d'exprimer tels ou tels vœux, mais de soulever les problèmes et d'engager les agriculteurs et les hommes spéciaux à émettre leurs idées sur les solutions dont ils leur paraissaient susceptibles.

Je me propose de constater l'état actuel des choses, et ensuite de rechercher ce qui me paraît nécessaire à l'avenir agricole du pays. Si je me hasarde à soumettre cette analyse au public, c'est autant pour faire ressortir que les travaux de la Commission ont été sérieux dans la limite qui leur était imposée, que pour appeler l'attention de tous sur des questions vitales. Puissent ces pages servir un jour de point de comparaison à une situation largement améliorée !

Ceux des agriculteurs qui retrouveront dans les lignes suivantes la reproduction de leurs opinions ne m'en voudront pas, sans doute, d'avoir appelé à mon aide le concours de leurs lumières et de leur expérience. Je ne pouvais avoir seul la prétention de répondre à toutes les questions présentées. Je les ai donc pris pour collaborateurs, afin de suppléer par eux à l'insuffisance de mes connaissances.

Pau, novembre 1866.

L'ENQUÊTE AGRICOLE

DANS

LE DÉPARTEMENT DES BASSES-PYRÉNÉES

EN 1866

J'ai eu souvent, dans le travail que je présente au public, à choisir, parmi des résultats un peu contradictoires, ceux qui paraissaient avoir le plus de généralité. J'ai cherché à donner un tableau, aussi fidèle que possible, de la situation agricole d'un pays dont les conditions de toute nature sont bien différentes de ceux qui l'entourent. Je me suis surtout attaché aux faits, leur laissant toute leur valeur, toute leur éloquence.

En dehors des diversités qui existent entre le département des Basses-Pyrénées et les contrées avoisinantes, diversités de conformation géologique, de sol et de climat, il y a aussi une variété infinie entre les diverses parties de son territoire.

Dans les vallées, des alluvions plus ou moins riches, bordés de montagnes à pente raide, quelquefois à peine susceptibles d'une culture forestière, à côté de plateaux fort étendus, d'une fertilité très variable ; quant à la composition des terres, tantôt des sols marneux, tantôt des sables chargés seulement d'un humus composé de détritus acides ; là, des coteaux calcaires ; ailleurs encore, la prédominance de l'argile ; il en résulte que les appréciations les plus diverses des faits de la culture peuvent se rencontrer juxta-posées, sans manquer de vérité.

Cela explique pourquoi j'ai dû quelquefois rapporter des faits très différents, pris sur divers points, au lieu de chercher à donner une moyenne impossible ; cela explique pourquoi tant d'observations n'ont aucune coordination entre elles ; cela explique les difficultés que j'ai éprouvées, quand il a fallu tirer des conclusions.

L'homogénéité n'existe pas dans la nature, et le pays que j'étudie est, de toute la France, celui où les dissemblances se touchent de plus près.

Je me propose de suivre l'ordre du questionnaire général envoyé par le ministère, en m'attachant, non pas à chaque question en particulier, mais aux grandes divisions qu'il renferme.

En me renfermant dans le cadre officiel, j'ai l'avantage de parcourir le cercle assez étendu des questions qui concernent le pays ; mais, par contre, je subirai ses inconvénients. La statistique, l'agriculture, l'économie rurale y sont constamment enchevêtrées les unes dans les autres. Il eût été fort difficile de les dégager et de les isoler. Cela sera mon excuse auprès de ceux qui voudront bien me lire, pour les répétitions qu'ils rencontreront chemin faisant.

L'ordre de mon travail sera le suivant :

I. — CONDITIONS GÉNÉRALES DE LA PRODUCTION AGRICOLE.

a. État de la propriété territoriale.
b. Mode d'exploitation.
c. Transmission de la propriété.
d. Conditions de location de la propriété.
e. Capitaux.—Moyens de crédit.—Situation hypothécaire.
f. Salaires. — Main-d'œuvre. — Instruction primaire.
g. Engrais. — Amendements.
h. Charges de la culture. — Assurances.

II. — CONDITIONS SPÉCIALES DE LA PRODUCTION AGRICOLE.

a. Procédés de culture.—Assolements.
b. Défrichement.
c. Dessèchement. — Drainage. — Irrigation.
d. Prairies et cultures fourragères.

e. Reboisement et gazonnement des montagnes.
f. Animaux.
g. Céréales.
h. Cultures industrielles.
i. Vignes.
k. Fruits.

III. — CIRCULATION ET PLACEMENT DES PRODUITS
AGRICOLES. — DÉBOUCHÉS.

IV. — TRAITÉS DE COMMERCE.

V. — LÉGISLATION. — RÉFORMES FISCALES.

VI. — CONCLUSIONS.

I.

CONDITIONS GÉNÉRALES DE LA PRODUCTION AGRICOLE

a. **Etat de la propriété territoriale.**

La propriété territoriale dans les Basses-Pyrénées est divisée en terres labourables, jardins, vergers, châtaigneraies, vignes, prairies, forêts, landes et bruyères.

50 hectares et au-dessus, contenance qui ne se trouve que dans trente-quatre fermes, constituent la grande propriété qui occupe les 4/100 du sol arable ou 4,000 hectares environ.

20 à 50 hectares, contenance qui se trouve dans 2,204 fermes, sont considérés comme constituant la moyenne propriété qui couvre les 24/100 du sol, soit 77 mille hectares.

20 hectares et au-dessous, contenance que présentent 22,316 fermes, constituent la petite propriété (72/100 du sol), ou 223 mille hectares.

L'étendue des terres labourables est de.....	126,982ʰ
— des vignes......................	25,000
— des prairies.	71,000
— des forêts......................	122,400
— des landes et bruyères...........	37,000

Le morcellement de la propriété a eu pour conséquence :

1° L'augmentation de valeur de la terre qui, en détail et dans des situations favorisées, se vend très cher ;

2° L'augmentation de la production par suite de la nécessité pour le petit propriétaire de trouver sa subsistance sur le sol dont il est possesseur ;

3° Le défrichement de beaucoup de terres incultes, qui a eu lui-même pour résultat d'augmenter la production aux abords des villes. Ce morcellement n'a pas trouvé sa limite.

Les ouvriers agricoles propriétaires de lots de terrains plus ou moins importants et les travaillant par eux-mêmes, sont au nombre de 35,400. La moitié environ de ces propriétaires travaillent alternativement pour eux et pour les autres. Les propriétaires qui travaillent leurs terres avec l'aide d'ouvriers, sont au nombre de 17,200. Les premiers sont donc à peu près en nombre égal aux seconds.

b. Modes d'exploitation.

Les différents modes d'exploitation sont :

L'exploitation directe par le propriétaire ;

Le métayage ;

Le fermage.

Les grands propriétaires exploitent, en partie, par eux-mêmes, en partie par fermiers ou métayers. Toutefois, sauf pour des pièces de terre détachées, et dans les environs des villes, il n'y a guère de fermiers dans le sens où on l'entend ordinairement. Les fermiers de corps de biens ne se trouvent guère, faute de capitaux, dans la classe des agriculteurs. Mais des locations de 1 à 3 hectares sont encore assez communes.

Les petits propriétaires exploitent par eux-mêmes.

Le métayage est le mode d'exploitation le plus généralement appliqué en dehors d'eux. Beaucoup de propriétaires, qui ont essayé de l'exploitation directe, y ont renoncé. Les frais de main-d'œuvre, les gages des domestiques absorbent le plus clair du revenu. Le métayer, travaillant pour son compte, se contente d'une vie très sobre. Devient-il domestique à gages, sans travailler plus, il coûte deux et trois fois autant, et ne donne même pas tout le temps qu'il consacrait aux travaux quand il était simple métayer.

Plus favorable au progrès, la culture directe est presque impossible à cause de la mauvaise qualité de la main-d'œuvre.

Il n'y a de propriétaire pouvant exploiter directement avec profit, que celui qui joint une industrie lucrative à son exploitation. L'une aide l'autre et, s'il y a perte dans l'exploitation, elle est largement compensée par le secours et les facilités qu'en reçoit l'industrie.

Ce qui s'oppose le plus au progrès agricole par les métayers, c'est la courte durée des engagements qui sont annuels. Le métayer n'étant pas intéressé à l'amélioration du sol, jette tous ses engrais sur la terre arable qui lui donne des produits immédiats, au lieu de créer des prairies artificielles qui seraient pour l'exploitation à venir d'un puissant secours.

⁂

La diminution de la valeur de l'argent et la création de nouvelles communications ont augmenté, en général, la valeur des terres depuis trente ans.

Voici comment ces prix peuvent s'apprécier actuellement dans l'arrondissement de Pau :

Labourables, de 1,000 à 1,600 fr. l'hectare.
Prairies, de 800 à 2,000   —
Vignes, de 800 à 1,400   —
Bois, de 700 à 1,500   —
Châtaigneraies, de 1,600 à 1,700   —
Touyas, de 600 à 700   —

Il y a quatre ou cinq ans, sous l'influence des prix avantageux que les cultivateurs retiraient de leurs produits, la valeur des propriétés avait augmenté ; mais la dépréciation générale des fruits de la terre, qui règne depuis plusieurs années, les a ramenées aux taux anciens.

Aux environs de la ville de Pau, on paie des prix bien plus élevés ; mais on achète bien moins le terrain agricole que les belles positions et les beaux horizons.

Il y a une différence plus grande entre les terres de la région des coteaux et celles des vallées qu'autrefois.

La valeur vénale dans les vallées a quadruplé, tandis qu'en coteau elle ne s'est guère modifiée.

L'hectare dans les coteaux vaut de 800 à 1,000 fr.

Les terres de la plaine vont jusqu'à 3,500 fr.

Avec cette notable différence, que la vente de celles-ci est facile, et la vente de celles-là très-difficile, sinon impossible. On citerait des localités et des meilleures, des plus avancées au point de vue agricole, où dans les plaines l'hectare de terre se vend de 1,500 à 2,200 fr., et où les terres de coteaux sont invendables à 1,000 et même à 800 fr. l'hectare.

Cette infériorité des terres de coteaux, dont la qualité n'est cependant pas mauvaise, provient de ce que leur revenu est moins assuré, surtout quand elles sont en vignes, et on sait que, depuis dix ans, cette nature de culture a été rudement attaquée par l'oïdium ; de ce que les bras manquant, on se porte de préférence vers les terres plus faciles à travailler et dont le produit est moins incertain.

Du côté de Bayonne, les corps de domaines se vendent, en moyenne, de 800 à 900 fr. l'hectare.

En détail, les terres labourables valent de 1,200 à 2,000 fr.

Les landes. . . . . de   500 à 1,000

Les taillis.. . . . . de 1,000 à 1,200

Les vignes.. . . . . de 1,300 à 1,800

Dans d'autres localités moins favorisées, les prix des terres sont restés invariables depuis trente ans, ou même ils ont baissé. Certains points, principalement dans l'arrondissement de Mauléon, ont été, sous ce rapport, durement éprouvés. Des labourables ou des prairies de première qualité qui se vendaient autrefois de 4,000 à 4,500 fr., sont descendus à 2,000, et la même dépréciation a atteint les autres natures de terres. Dans ces conditions, le propriétaire abandonne le sol pour habiter la ville. Le capital déserte la terre pour se porter sur des valeurs mobilières, dont le revenu est plus élevé que celui de la propriété territoriale.

c. Transmission de la propriété.

Généralement les grandes propriétés se partagent en nature, aussi tendent-elles à disparaître. Mais, nulle part, les cultivateurs n'ont résisté avec autant de persévérance aux exigences du Code pour la division des petites propriétés. La conservation du bien paternel est, pour beaucoup d'entre eux, une question d'amour-propre. En général, l'aîné des enfants, garçon ou fille, avantagé par ses père et mère, prend la terre à son compte, paie avec la dot de son conjoint les parts des cohéritiers et reste seul maître du tinel ; souvent il a recours à l'emprunt pour se libérer. La résistance à une division déplorable est vaincue presque partout par les intérêts à payer qui écrasent le propriétaire, par les droits de partage augmentés de ceux d'achat des droits des frères et sœurs. Vienne un nouveau décès, la situation hypothécaire oblige à vendre et voilà une famille dépossédée. On peut encore citer, comme de remarquables exceptions qui disparaissent chaque jour, des communes du pays basque et des vallées de l'arrondissement d'Oloron, où la propriété s'est maintenue par des efforts extraordinaires, depuis trois ou quatre cents ans, dans les descendants successifs d'un même auteur. Ce sont des communes citées pour leur moralité, où il n'y a ni crime ni procès.

Par contre, partout où la terre est de bonne qualité et susceptible de division, les droits sont délivrés en nature. Il en résulte un morcellement et un éparpillement qui augmente beaucoup les frais de culture et rend l'exploitation plus difficile.

d. Conditions de location de la propriété.

Il y a deux systèmes usités dans le pays pour la location de la propriété : le fermage et le métayage.

Fermages. — Les locations de cette nature se font en argent, et sont payables en deux pacs égaux ; elles ne s'appliquent qu'à de très petites étendues de terre, à des pièces détachées de 2 à 3 hectares. Suivant leur position et leur qualité, les prix sont de 50 à 80 fr. l'hectare. Près des villes, ils s'élèvent de 100 à 140 fr. ; les prairies se louent de 40 à 100 fr. ; les touyas de 35 à 40 fr. Dans les contrées retirées, on ne loue guère au-dessus de 60 fr. Mais il faut bien le répéter, ces locations sont tout à fait parcellaires. Leurs prix n'ont pas varié depuis trente ans.

Le propriétaire paie les contributions. En cas de grêle, le fermier et le bailleur supportent le sinistre par moitié. La durée des baux est de un an à trois.

Les tentatives faites pour prolonger les baux et étendre le domaine exploité par un seul fermier, ont échoué en général. Le petit fermier manque de capitaux et ne peut exploiter lucrativement qu'une étendue restreinte. Il paie son fermage par les rendements qu'il obtient du lait et de la volaille.

Métayage. — Les principales conditions des contrats de métayage sont les suivantes :

1° Le propriétaire fournit un cheptel dont l'estimation est faite contradictoirement avec le métayer. A la fin du bail, le maître reprend des animaux jusqu'à concurrence de la valeur estimative ; la perte et le croît sont supportés par moitié ;

2° Le propriétaire fournit encore un matériel d'exploitation dont la nature et la valeur doivent être représentées par le métayer à sa sortie ;

3° Tous les travaux de culture sont faits par le métayer. Les ajoncs doivent servir à la fabrication du fumier qui doit être employé sur la métairie. Les amendements, quand il en est question, sont fournis par le maître ; le métayer est tenu de les transporter ;

4° Le propriétaire fournit les semences et les reprend après la récolte.

Il prélève, avant tout partage, le 10me de la récolte, considérée comme l'équivalent des contributions. Le surplus se partage par moitié pour le blé, l'avoine, l'orge et le maïs. Dans les terres médiocres, le métayer prend les 3/5 du maïs.

Les pommes de terre et les haricots se partagent par égales portions sans dîme.

e. **Capitaux d'exploitation.**

Le capital de roulement d'une propriété de 10,000 fr. est représenté, en général, par le cheptel 1,000 à 1,200 fr., les outils aratoires, 500 à 600 fr., et ordinairement par la subsistance du cultivateur pour l'année, 600 à 700 fr. Il s'en faut de beaucoup que tous les propriétaires en soient là. Avec des capitaux aussi restreints, le cultivateur ne peut que végéter, arracher péniblement à la terre sa subsistance sans espoir d'améliorer sa position et sans faire faire de progrès à la culture.

Il y a quelques années, alors que le bétail se vendait bien, que l'industrie mulassière prospérait, le paysan, qui savait bien soigner son bétail, obtenait de bons résultats. Mais depuis deux ans, ces sources de prospérité relative ont fait défaut.

e. **Moyens de crédit.**

Où l'agriculteur trouvera-t-il le crédit nécessaire pour suppléer à l'insuffisance de son capital? A quel taux le trouvera-t-il?

Telles sont les questions qui se présentent à résoudre.

Il y a deux modes d'emprunt pour l'agriculture. Le mode hypothécaire et l'emprunt par obligation sous-seing privé. Le premier, l'emprunt hypothécaire, s'en va tous les jours. C'est l'emprunt par sommes considérables. Tout le monde en est profondément dégoûté, aussi bien le prêteur qui, à cause de l'hypothèque dotale, à cause de la difficulté du recouvrement dans un pays où l'exactitude n'est pas une règle, à cause des lenteurs et du mauvais effet de l'expropriation, des pertes qui en résultent, voit compromettre son capital et quelquefois sa considération, quand il vient à exiger le remboursement de l'argent prêté; aussi bien que l'emprunteur qui paie un taux d'intérêt fort élevé, par suite des frais d'acte, intérêt bien supérieur au revenu de la terre. Aussi, le prêt hypothécaire tend-il par les liquidations qui s'opèrent peu à peu à se réduire aux propriétés de ville, bâties, et déserte-t-il le fonds rural; l'héritier d'une part de propriété y a encore recours pour solder ses co-partageants. Mais il n'échappe pas aux conséquences désastreuses de l'hypothèque qui le ronge, le mine peu à peu et le conduit à l'expropriation. Autrefois, on empruntait pour acquérir; aujourd'hui, les capitaux désertent la terre; le paysan s'en éloigne. La facilité de certains placements qui viennent s'offrir à lui, l'habitude de la rente que la consolidation des caisses d'épargnes, en 1848, a introduite dans les campagnes, l'appât des placements à loteries autorisées contribuent puissamment à l'éloigner de la propriété.

Sous ce rapport, la Commission d'enquête a pu constater que le Crédit Foncier, au lieu de venir en aide à l'agriculture, au lieu d'être un auxiliaire utile, a produit des effets désastreux. Les petits capitaux qui, dans un moment donné, vaient se porter vers l'agriculture d'une manière fructueuse pour elle (nous en reparlerons plus loin), ont été transformés en obligations foncières. Le cri est général et il a retenti vivement dans l'Enquête.

Un notaire du pays, dont la déposition a beaucoup frappé l'assemblée, a fait connaître que, dans sa clientèle nombreuse, il a été placé, depuis le 15 janvier 1863, au Crédit Foncier, environ 1,200,000 fr. en 615 placements différents dont la moyenne est, par conséquent, au-dessous de 2,000 fr. Par contre, depuis la même époque, le même notaire n'a fait *qu'un seul prêt* par le Crédit Foncier qui a été bientôt suivi de la vente forcée des immeubles. (Le chiffre pour le département entier est d'environ 8 millions de placements.)

Notons en passant que, parmi les titulaires des 615 placements dont on vient de parler, beaucoup appartenaient à la classe des cultivateurs; mais ce serait grandement se tromper que de considérer ces capitaux comme étant le résultat de l'économie. Ils provenaient tous de ventes libres ou forcées, et notamment des indemnités allouées à l'occasion de l'établissement du chemin de fer.

Comment, d'ailleurs, le Crédit Foncier aurait-il pu prêter dans notre pays ? Il exige d'abord un établissement parfait de la propriété, remontant à trente années ; et la propriété est généralement mal établie dans le département, parce que le peu d'importance des transactions ne comporte pas la dépense, relativement considérable, qu'amèneraient les précautions et les formalités nécessaires. A l'occasion de chaque acte passé avec le Crédit Foncier, il faut fournir à chers deniers et rechercher, d'étude en étude, certains actes dont la sécurité des particuliers n'a pas besoin, parce qu'ils connaissent leurs vendeurs.

Le Crédit Foncier ne prête qu'un capital représenté par la moitié du revenu de la propriété et à condition d'avoir le premier rang des hypothécaires. De plus, la satisfaction de ses exigences entraîne des longueurs et des frais extraordinaires. On envoie de Paris un inspecteur sur les lieux, c'est une dépense. Certains emprunteurs ont eu à payer 1,000 fr. de frais tant pour ce voyage que pour la production des pièces nécessaires à la passation du contrat. Toutes ces formalités ont pour résultat de faire que l'argent n'arrive guère qu'un an après la demande.

Le cultivateur qui emprunte a besoin d'être servi vite et la moyenne des emprunts étant très peu élevée, étant souvent plutôt au-dessous de 1,000 fr. qu'au-dessus, il est peu disposé à recourir à une institution aussi difficile à satisfaire.

Les frais d'une obligation hypothécaire sont de 15 p. 0/0 pour un emprunt de 100 fr.; de 6 p. 0/0 quand il atteint 300 fr. pour s'abaisser progressivement à 3,27 p. 0/0 quand l'emprunt atteint 1,000 fr.

Pour les libérations, les frais sont :

> De 13 p. 0/0 pour 100 fr.
> De 5 p. 0/0 pour 300 fr.
> De 2 fr. 10 c. p. 0/0 pour 1,000 fr.

Dans les ventes, les frais sont :

> De 23 p. 0/0 pour 100 fr.
> De 12 p. 0/0 pour 300 fr.
> De 8,37 p. 0/0 pour 1,000 fr.

N'y a-t-il pas là de quoi faire reculer les emprunteurs qui ne veulent pas aller sciemment à la ruine ?

On voit que les frais sont exorbitants pour les petites sommes. C'est là une injustice que le législateur voudra réparer.

Les droits de timbre et d'enregistrement, qui sont les mêmes pour toutes les affaires, paraissent peu élevés pris isolément, mais ils forment un ensemble qui tourne au détriment des petits cultivateurs.

Nous avons laissé de côté beaucoup de frais qui augmentent les taxes à payer, parce qu'ils sont accidentels, tels que les frais de transcription dans les contrats hypothécaires, les états d'inscriptions hypothécaires dont quelques-uns sont fort coûteux, particulièrement quand ils sont requis sur plusieurs personnes, les frais de purge et les droits considérables que le vendeur doit supporter quand il y a lieu à un ordre judiciaire.

On nous a cité une expropriation dont les frais à prendre en diminution du prix se sont élevés à environ 1,000 fr. sur 3,000 fr., et l'acquéreur a eu à payer, en sus du prix, 18 p. 0/0 y compris la levée, la signification et la transcription de l'adjudication, et la quittance qui a établi sa libération.

Il y aurait bien ici matière à d'amères réflexions. Mais ouvrons plutôt nos cœurs à l'espoir de réformes radicales !

L'agriculture, qui porte le poids des impôts les plus lourds, ne peut continuer à être ainsi écrasée en détail.

※

L'emprunt hypothécaire devenant de plus en plus inabordable pour l'agriculture, reste l'emprunt par obligation sous senig-privé.

Pour nous, c'est là qu'est le véritable crédit agricole dans la situation actuelle du pays. C'est l'emprunt par petites sommes, à court terme ou par remboursements échelonnés.

De là, l'idée indiquée par beaucoup de questionnaires de créer des banques agricoles, qui prêteraient au cultivateur, à un taux moins élevé, sans l'intervention des notaires et sans droits pour le fisc, autres que le papier timbré.

Cette nature d'emprunt est, en général, fondée sur la solvabilité et l'honorabilité personnelle de l'emprunteur. Je suis en désaccord avec des hommes considérables sur le développement des facilités à donner à cet emprunt, que je crois le meilleur, le plus profitable à l'agriculture, le seul qui lui soit *indispensable*. Ce désaccord porte sur l'abrogation de la loi du 3 septembre 1807, limitant le taux de l'intérêt de l'argent à 5 p. 0/0 et condamnant à des peines redoutables ceux qui veulent obtenir de leurs capitaux un revenu plus élevé. Pour ne pas paraître répudier mes prémisses et notamment les opinions que j'ai émises sur l'intérêt trop élevé qui ruine le cultivateur, j'ai besoin de préciser ma pensée et de prendre un exemple qui se présente souvent.

Nos paysans, qui sont, en définitive, sinon très laborieux, au moins fort intelligents, ont compris depuis longtemps que ce qui, dans leur culture, leur donne le profit le plus clair, c'est le nourrissage du bétail. — Accidentellement, au moment où j'écris et en remontant à deux ans, cette source de profits a dû être délaissée à cause du bas prix des animaux. Mais

2

nous avons traversé la crise, s'il plaît à Dieu, et nous allons rentrer dans les conditions normales.

Que feront nos cultivateurs?

Ils achèteront, suivant leur position, une ou deux paires de veaux de huit à dix mois, ou une paire de bœufs jeunes. Pendant quelques mois, ils les nourriront avec soin, et, au bout du temps, ces animaux, conduits au marché, leur donneront un bénéfice variable de 100 à 150 fr. par paire.

Mais le capital peut faire défaut au moment de l'achat, et ils seront alors obligés de s'adresser à un voisin qui leur avancera volontiers et, en général, à un taux raisonnable, les fonds de cette spéculation. Si le voisin en manque, si son argent, placé partout ailleurs, peut lui rapporter 7 ou 8 p. 0/0, il est obligé de refuser le service qu'on lui demande. Il est honnête; les lois sur l'usure ne lui permettant pas de demander plus de 5 p. 100, il est contraint de refuser. Le cultivateur à bout de voie trouve un spéculateur moins scrupuleux, qui sait se mettre à l'abri des répressions pénales, et qui prête à un taux équivalent souvent à 2 ou 3 p. 0/0 par mois. La loi a eu ainsi l'effet le plus désastreux possible : elle livre le malheureux paysan à un usurier et à ses exactions habilement concertées. Au lieu d'un créancier indulgent, quand viendra le terme, il se heurtera aux exigences rigoureuses et aux expédients du marchand d'argent, qui n'a rien épargné pour le lier dans des filets inextricables.

Laissez l'intérêt de l'argent se débattre librement entre les parties, et, par la concurrence, ce taux se nivèlera comme le prix du blé, suivant les circonstances.

Dans l'exemple que je viens de citer, dans la spéculation sur bétail, qui est à la fois une amélioration de l'agriculture et une source de profits, il importerait peu à celui qui l'a entreprise de payer même 10 p. 0/0 d'intérêt; le bénéfice qu'il fait paierait encore largement son industrie.

On dit qu'avec la liberté du prêt, l'usure dévorerait nos campagnes. Mais le fait seul de la possibilité d'emplois d'argent près de soi, y retiendrait les capitaux et amènerait la concurrence ouverte et, par conséquent, loyale.

Pour nous, c'est le vrai moyen de fournir à l'agriculture de petits capitaux. Les grands ne lui sont pas avantageux ; en général, ils ne sont profitables que pour la création des industries qui s'appuient sur l'agriculture.

Quant aux banques agricoles, nous croyons peu à l'efficacité de leur établissement, si ce n'est sur une petite échelle, pour agir dans un rayon restreint, à condition qu'elles seront dirigées par des hommes connus et connaissant ce pays.

En résumé, si l'on veut attirer l'argent à la terre, il faut que le prêteur y trouve sa sécurité ; il paraît indispensable, dèslors, de donner à l'hypothèque des garanties plus efficaces en restreignant l'hypothèque dotale (*); de faire participer les particuliers aux facilités d'exécution qu'on a concédées, en privilége, au Crédit Foncier; de réduire considérablement les droits fiscaux sur les créances hypothécaires; et, enfin, de supprimer le taux d'intérêt légal, quand les particuliers veulent stipuler en dehors de ces limites.

L'industrie, beaucoup plus chanceuse que l'agriculture, trouve des capitaux ; elle les trouve sans payer de droits aux notaires, au timbre, à l'enregistrement; qui empêcherait celle-ci d'en trouver aussi, et dans les mêmes conditions ? Les habitudes de régularité dans les paiements s'introduiraient aussi bien chez les agriculteurs que chez les commerçants. Il y a beaucoup à faire sous ce rapport, il faut le reconnaître.

3. **Situation hypothécaire de la propriété rurale.**

Faute de renseignements suffisants, de chiffres officiels difficiles à dépouiller, à cause de la confusion faite dans les car-

---

(*) J'emprunte à M. le baron de Laussat les lignes suivantes :

« En 1775 et 1776, la misère fut telle en Béarn, à la suite d'une disette, que les propriétaires se trouvèrent empêchés d'acheter les semences pour ensemencer leurs terres. Le Parlement de Pau prit le parti de suspendre l'action de l'hypothèque dotale, et le crédit des propriétaires suffit à tout. Aujourd'hui, comme alors, ce serait le seul moyen de liquider la propriété et de fonder le crédit agricole. L'hypothèque dotale est un des fléaux du pays. »

nets des conservateurs des hypothèques entre les propriétés de toute nature, cette question ne pourra être complètement vidée.

D'une manière générale, on peut dire que la situation s'est aggravée sur les coteaux et qu'elle s'est allégée dans les vallées.

Toutefois, le chiffre total a diminué ; on le voit par la diminution des procédures d'ordre devant les tribunaux. Il ne faut pas se hâter d'en conclure que l'état de choses ancien s'est amélioré ; c'est le prêteur qui s'abstient. C'est *la liquidation successive de la propriété* qui commence, et dans des conditions d'autant plus défavorables que, comme nous l'avons déjà fait remarquer, les capitaux se portent de préférence sur les valeurs mobilières.

Voici, pour l'arrondissement d'Orthez, des chiffres significatifs qui établissent une diminution progressive dans le nombre des inscriptions de toute nature.

Il a été pris :

En 1845. . . . . 2,796 inscriptions.
En 1846. 2,978
En 1855. 2,097
En 1856. 2,420
En 1864. 1,608
En 1865. 1,978

Pour se rendre bien compte de la diminution dans le nombre des inscriptions prises pour prêts, il faut faire, sur l'année 1865, le calcul suivant : si l'on défalque les inscriptions prises d'office pour priviléges de vendeur, les hypothèques judiciaires, légales, les priviléges de co-partageants, les renouvellements d'inscriptions périmées, celles prises pour garanties éventuelles, le nombre de 1978 inscriptions est réduit à 530 prêts.

Combien de ces prêts s'appliquent à l'amélioration des exploitations rurales ? Le plus petit nombre, nous en sommes assurés.

Dans une étude de notaire très suivie du département, le nombre des actes de prêts s'est réduit au 1/3 et au 1/4 de ce qu'il était anciennement.

Dans une période de cinq années, de 1842 à 1846, ledit notaire avait fait 733 contrats, soit 146 en moyenne par an. La moyenne des sommes colloquées était de 735 fr.

Dans une autre période de cinq années, de 1861 à 1866, le total des prêts a été de 215 ou 43 en moyenne par an (diminution 103), et le chiffre moyen des sommes colloquées a été de 1,043 fr.

f **Salaires. — Main-d'œuvre.**

Nous touchons ici à une des plaies les plus vives de notre situation agricole.

Les salaires ont augmenté de 50 p. 0/0, aussi bien pour les ouvriers temporaires que pour les domestiques.

Les causes sont : le renchérissement des objets de consommation, des loyers, la diminution de la valeur de l'argent, la désertion des campagnes pour les villes, le goût du bien-être et l'émigration à l'étranger dans une importante partie du département : le pays Basque et l'arrondissement d'Oloron.

Le renchérissement de la vie ordinaire et des loyers est un fait irréfutable.

Les ouvriers vont dans les villes prendre part aux travaux considérables qui s'exécutent au compte de l'Etat et des administrations publiques; ils y trouvent des salaires disproportionnés avec la valeur de la main-d'œuvre.— N'a-t-on pas cité une époque où, à Paris, les démolisseurs gagnaient 9 fr. par jour ? De proche en proche, par la rareté des bras, les villes secondaires ont vu hausser les salaires ; la campagne a été atteinte à son tour. Les particuliers n'ont pu lutter contre cette hausse sans exemple. En outre, les ouvriers qui partent sont les meilleurs. Les campagnes ont donc à supporter tout à la fois l'augmentation des prix et la diminution du travail : double cause de souffrance.

La vérité est qu'il n'y aurait plus d'ouvriers dans les campagnes, s'ils n'y étaient retenus par le sol qu'ils possèdent.

Les jeunes soldats libérés ne rentrent à la campagne que lorsqu'ils y sont forcément rappelés par la culture d'une terre patrimoniale. Les autres se placent dans les forêts, dans les chemins de fer, comme commis ou domestiques dans les villes, et sont à tout jamais perdus pour l'agriculture.

Ceux qui, faute d'emploi, rentrent dans leurs foyers, y apportent des prétentions exagérées, la perte de l'habitude du travail, la soif du bien-être, des goûts de luxe relatifs et les vices de la ville.

Beaucoup de ces tendances sont les résultats inévitables d'une civilisation qui n'est pas toujours bien dirigée ; mais elles sont aussi la conséquence d'une mauvaise éducation ; elles nous conduisent à une crise des plus graves. Que l'on réduise les travaux des grandes villes en répartissant les ouvriers sur tout le territoire et qu'on les ramène graduellement aux champs, sinon la décadence et la ruine de l'agriculture arrivent à grands pas.

Déjà, sur certains points, il a fallu suppléer par l'association des propriétaires aux nécessités impérieuses de la rentrée des récoltes.

Dans quelques localités, les bras manquent, parce qu'ils se portent vers certaines industries locales ; nous ne sommes pas effrayés de ces inconvénients. Si l'industrie prospère, l'agriculture finira par y trouver son compte.

Dans le pays Basque, c'est-à-dire particulièrement dans l'arrondissement de Mauléon, des familles entières partent pour Buenos-Ayres. L'émigration prend des proportions effrayantes. Les jeunes gens partent à l'époque du recrutement pour se soustraire à ses obligations. L'agriculture souffre beaucoup de cette diminution de la population, car c'est l'élément jeune et fort qui s'en va.

On calcule qu'un homme sur dix et une femme ou fille sur cinq quittent chaque année le pays.

On aura un aperçu de la diminution qui s'opère chaque année par les résultats suivants, que constatent les recensements officiels. La population, de 1861 à 1866, a diminué, dans les arrondissements de :

Mauléon, de. 1,817
Oloron, de. 1,224
Orthez, de 1,547

Total. 4,588

L'augmentation à Bayonne a été de. 1,947
A Pau, de. 1,499

Soit 3,446

Mais Bayonne, ville, a augmenté seule de 722

Par conséquent, l'arrondissement rural a augmenté seulement de 1,225.

A Pau, toute l'augmentation est au profit de la ville, qui compte 3,423 personnes de plus. Ce qui donne pour l'arrondissement une diminution de population rurale de 1,924.

Par conséquent, en cinq ans, la population rurale de quatre arrondissements sur cinq a diminué de 6,500 âmes.

L'arrondissement d'Orthez, le plus avancé du département au point de vue agricole, a perdu, en trente ans, 13,329 âmes de population, *plus d'un sixième*. Comme il y a eu augmentation dans les villes, la perte générale du département est dans une moindre proportion. Mais, en vingt ans, le département des Basses-Pyrénées a diminué cependant de près de 16,000 âmes, la population d'une ville importante.

En présence de tels résultats, on peut dire, pour répondre au questionnaire officiel, que les progrès de l'agriculture ne sont pour rien dans la diminution des bras; d'abord, ils sont tout à fait partiels; les cultures industrielles se sont plutôt restreintes que développées; le nombre des ouvriers devenus propriétaires n'a pas diminué beaucoup le nombre des hommes travaillant pour autrui, parce que leurs domaines sont très restreints. Si les familles sont moins nombreuses, si le petit propriétaire a peu d'enfants, nous n'en sommes pas au même point que des contrées plus riches qui nous avoisinent.

L'emploi des machines est trop restreint pour avoir fait le moindre tort aux ouvriers.

La main-d'œuvre a diminué par l'émigration vers les villes et à l'étranger : voilà le fait capital qui subsiste.

Et cependant les conditions d'existence de la population ouvrière sont améliorées; elle est mieux vêtue, mieux nourrie, mieux logée. Quoique les sociétés de secours mutuels ne soient pas encore très développées dans les campagnes, l'assistance publique et la charité privée viennent avec largesse aux secours des misères. Il résulte de tout cela, que l'indépendance de caractère native s'est accrue, que les relations des travailleurs avec ceux qui les emploient sont devenus moins faciles qu'autrefois. La concurrence dans l'élévation des salaires fait qu'ils ne s'attachent nulle part, à moins qu'ils n'y soient forcés par leur situation locale. Le mouvement révolutionnaire de 1848 a apporté son contingent dans ces dispositions.

f. Instruction primaire.

J'ai déjà mentionné que l'absence d'éducation suffisante est une des lacunes qui se font le plus vivement sentir. Mais la direction donnée à l'instruction primaire contribue aussi à éloigner les hommes de la terre. C'est, du moins, l'opinion exprimée par beaucoup d'agriculteurs ; elle est reproduite avec talent dans un questionnaire rédigé à Garlin, par un certain nombre de propriétaires, à la tête desquels figure un honorable magistrat. Il fait valoir des considérations qu'on ne saurait laisser de côté dans une enquête qui embrasse aussi bien la situation matérielle, que la situation morale des campagnes.

» *L'Instruction primaire est-elle dirigée dans un sens favorable à l'agriculture ?*

» Il nous en coûte de répondre négativement, mais nous ne saurions, en conscience, faire une autre réponse, tout en rendant hommage aux intentions généreuses de M. le Ministre de l'Instruction publique et à son zèle infatigable. Nous pensons, comme lui, qu'on ne saurait trop exalter les bienfaits de l'instruction et déplorer assez le malheur et les dangers de l'ignorance. Mais ici, comme en toutes choses, n'y a-t-il pas une juste et sage mesure à garder? N'y a-t-il pas à se prémunir contre cette tendance à rompre le salutaire équilibre des conditions sociales, contre le rêve chimérique de *l'égalité des conditions* qui détruirait les bases essentielles et fondamentales de la société elle-même? Sans doute, on ne la proclame pas ouvertement cette égalité impossible d'éducation, mais on paraît vouloir s'en rapprocher, de manière à pouvoir facilement l'atteindre. C'est la crainte que nous a inspiré le programme des études primaires, inséré dans le décret rendu sur le rapport de M. Duruy, le 2 juillet 1866 ; qu'on veuille relire attentivement ce programme, et on sera quelque peu surpris des connaissances nombreuses et variées qu'on exige de nos régents de village, pour qu'ils les enseignent, à leur tour, aux adolescents qui fréquentent leur école.

» Si ceux-ci apprennent, en effet, toutes ces choses, comme on le désire ; si, de tous ces jeunes payans, on fait des *quasi-bacheliers*, comment sera-t-il possible de les plier, de les réduire plus tard aux rudes travaux de la terre ou d'un état manuel quelconque? Quitteront-ils volontiers leurs livres d'histoire et de géographie, de physique, de géométrie, de botanique, de dessin, de musique, etc., etc., pour aller nettoyer *l'écurie et l'étable, entasser les fumiers,* les répandre, panser, atteler et conduire les bestiaux, piquer la vigne, défricher les landes et autres travaux de même nature qui sont la condition indispensable de toute bonne culture, *ainsi qu'on nous le rappelle chaque jour au nom du Gouvernement* lui-même? Il convient assurément d'encourager les *sujets d'élite* qui peuvent se produire dans nos campagnes ; il convient de préparer, par l'étude, des régisseurs, des contre-maîtres, des comptables, etc., qui sont, comme on l'a dit, *les officiers et les sous-officiers de l'armée agricole.*

» Mais, à cette armée comme à l'autre, *il faut* surtout des soldats. Ce sont eux, en définitive, qui constituent la force réelle, la puissance d'action et d'exécution. Ils sont les véritables industriels, les manufacturiers de la terre ; ils se divisent en plusieurs classes ; toutes concourent ensemble au même but ; or, ces soldats de l'agriculture, il faut bien les nommer en présence du programme scientifique qui semble les avoir oubliés ; ce sont tout simplement les *terrassiers,* les *manœuvres,* les *bouviers,* les pasteurs, les maçons, les forgerons, etc., etc. *Plus nous en détournerons de la terre,* plus elle restera en friche. Cela commence déjà ; le programme achèvera l'œuvre. Il prescrit aussi la gymnastique aux jeunes paysans ; mais c'est dans les champs qu'il faut la leur apprendre ; c'est là, *c'est dans les rudes travaux de la terre, de la construction, de la forge* et de *tous les ateliers manuels* qu'il faut diriger leurs forces et leur adresse.

» Pour mieux les en détourner, on avait songé un instant à rendre l'instruction *obligatoire,* idée bien vite repoussée, parce qu'elle était aussi illibérale que contraire *aux droits de la famille et aux intérêts de l'agriculture.* On se plaît à rappeler ces mots de l'Empereur : « *Sous le régime du suffrage universel, tout électeur doit savoir lire et écrire,* » parole pleine de sagesse, *et qui mieux méditée,* servirait à rendre encore *plus profonde la ligne de démarcation* qui doit séparer les divers degrés d'instruction, sous peine de *troubler l'ordre naturel et providentiel* qui a régi et régit les sociétés humaines dans tous les temps et dans tous les pays. Au reste, quelle que soit la valeur des idées philosophiques et humanitaires échangées de nos jours sur cette grave question des études populaires, il est *de fait certain,* que l'extension *peu mesurée* de ces études, loin d'être favorable à la pratique agricole, lui *causera,* au contraire, un *dommage irréparable,* puisqu'elle tendra incessamment à créer *une nouvelle espèce de docteurs dans nos campagnes,* au lieu de leur conserver de *francs et vigoureux laboureurs,* raisonnables, modestes, aptes à leur métier, dont ils seraient contents et fiers à l'égal de toute autre profession, celle-ci étant considérée, à juste titre, comme la première de toutes. Loin d'en détourner la génération qui s'avance, il faudrait, au contraire, chercher les moyens de la lui faire aimer et respecter davantage.

» Nous serions toutefois injuste, si nous refusions notre assentiment à l'heureuse extension donnée aux cours d'adultes ; ici les dangers disparaissent ou s'affaiblissent. On n'a pas à craindre d'eux les illusions d'une précoce vanité. Ces jeunes gens sont déjà des hommes ; ils ne savent ni lire, ni écrire, ni compter ; qu'ils apprennent, rien de mieux ; on leur devait cette réparation ; ils sont déjà attachés à l'agriculture, et on ne les arrachera pas aussi facilement que les autres. L'enseignement élémentaire qu'ils reverront le soir, après les pénibles travaux de la journée, n'empêchera pas de les recommencer le lendemain avec une ardeur nouvelle. Cet enseignement, *approprié à leur position* (mérite essentiel de tout enseignement), réalisera le vœu si judicieusement exprimé par le souverain lui-même.

» Il en est un autre émané de sa sagesse qui doit exciter aussi votre reconnaissance. Le récent décret dont nous venons de parler, place au premier rang des connaissances humaines, la *morale religieuse*. Cette science éclaire, en effet, toutes les autres ; elle apprend à chacun, à être content de son sort et à l'accepter avec courage et dignité.

» Une partie des observations qui précèdent pourraient s'appliquer plus justement encore aux *écoles de filles*. Mais nous n'avons pas à insister sur ce point, puisque, dans une solennité récente (du 19 août dernier), celui qui la présidait, M. le Conseiller d'Etat, secrétaire général de l'Instruction publique, faisait entendre ces paroles auxquelles on ne saurait trop applaudir : « Apprendre aux jeunes filles de la cam-
» pagne à devenir de bonnes et pieuses ménagères qui
» seront la force et l'ornement de la maison, qui sauront
» diriger en agissant elles-mêmes, leur enseigner avec sim-
» plicité des choses simples, élever leur àme en exerçant
» leurs mains aux travaux domestiques, c'est là ce que
» veut le Ministre de l'Instruction publique, c'est *là ce que*
» *réclament, pour vos écoles de village, la prudence, la*
» *sagesse et le bon sens.* »

» Ces derniers mots touchant l'école des filles, ne pourraient-ils pas s'étendre dans une certaine mesure à l'école des garçons dans nos villages ? »

Ces pensées ont été reproduites sous d'autres formes par un grand nombre d'agriculteurs.

Nous ne saurions méconnaître ce qu'il y a de vrai dans la plupart des considérations que nous venons de transcrire ; nous croyons cependant que l'exemple de l'Amérique prouve qu'on peut trouver des ouvriers instruits, et, toutefois, ne dédaignant pas la profession de l'agriculture. A une autre époque, on croyait aussi déroger en pratiquant cette science utile à tous. Nous pouvons voir qu'il en est tout autrement aujourd'hui, et que les hommes les plus instruits tiennent à honneur de se livrer à des occupations qui utilisent l'emploi des facultés les plus élevées. Il y a une transition à ménager, peut-être sera-t-elle longue et difficile, entre l'ignorance qui était l'apanage du passé et l'instruction vulgarisée à laquelle nous tendons.

L'instruction, sans éloigner les hommes de l'agriculture, leur fournira les moyens de tirer un meilleur parti de leurs connaissances, et les empêchera d'être détournés de la plus honorable des professions, par des considérations de vanité ou d'amour-propre. Quoi qu'on fasse d'ailleurs, il y aura toujours des ignorants dont la capacité ne pourra s'élever au-delà des occupations matérielles.

Si la France est, comme l'a dit M. de Lavergne, *de tous les pays de l'Europe occidentale, celui où l'agriculture a fait le moins de progrès*, c'est, sans doute, que l'éducation des agriculteurs n'a pas été assez développée. Ce ne sera pas trop de toutes les forces réunies pour sortir de cet état d'infériorité relative.

Parmi les difficultés que rencontre la diffusion de l'instruction, il faut dans notre pays tenir compte de l'éloignement des habitations par rapport à l'école; dans le pays Basque, de la difficulté pour les enfants de s'approprier une langue bien différente de celle qu'ils parlent dans la famille; du besoin que les parents ont de leurs enfants pour garder les troupeaux, ce qui fait qu'ils les enlèvent à l'instruction aussitôt qu'ils on fait leur première communion. Ce point-ci est important. Si le clergé s'attachait à faire accomplir cet acte religieux à un âge un peu plus avancé, il favoriserait beaucoup le développement des connaissances primaires.

On peut cependant conclure de ce qui précède, que l'enseignement primaire, tel qu'il est donné, ne favorise pas chez les élèves le goût de la vie des champs. Cela ne peut surprendre ceux qui savent que les instituteurs eux-mêmes, sont souvent complètement étrangers aux éléments de l'agriculture ; qu'ils ont les habitudes et les goûts de la ville, et qu'ils les inculquent à leurs élèves. C'est par eux que la réforme doit commencer.

On a signalé à l'Enquête que, dans la plupart des écoles de filles, on enseigne aux enfants beaucoup de choses qui resteraient, sans inconvénients, étrangères aux mères de famille. La broderie et la ganterie, par exemple, travaux délicats qui ne trouvent pas leur application dans un ménage de campagne, entraînent les jeunes filles à la ville où, la plupart du temps, elles se perdent.

On pourrait, pour développer l'enseignement agricole, instituer des conférences professées en basque et en gascon dans les communes rurales. On pourrait encore envoyer, chaque année, quelques jeunes gens dans les grandes écoles d'agriculture et les dispenser du service militaire, à condition qu'ils passeraient dix ans à répandre dans leur pays les connaissances qu'ils auraient acquises.

La Société d'Agriculture a demandé depuis longtemps la création d'un inspecteur professeur d'agriculture, chargé d'instruire les élèves de l'école normale, de faire des conférences publiques, de participer aux travaux des Comices agricoles et de les coordonner entre eux. L'organisation de fermes-modèles, fondées sur le type de celles qui existent en Espagne, rendraient d'utiles services.

g. Engrais, Amendements.

L'engrais presque unique du pays est le fumier de ferme. Les amendements sont, dans l'ordre de leur emploi le plus répandu, les mortereaux, les cendres, les terrages, la chaux, la marne; sur le littoral, les varechs et les sables de mer. Les engrais industriels sont très peu employés.

La manière dont se prépare le fumier de ferme donnera une idée des charges qui pèsent sur l'agriculture en Béarn. Pour sa confection, faute de paille suffisante, on a recours à la tuye (ajoncs épineux). Le sol qui la produit ne donne de récolte que tous les trois ans. Le fauchage, le transport, l'entassement de l'ajonc qui est placé sous les animaux en litière, un second transport sur le sol à fumer, la valeur de cette terre qui ne donne pas d'autre produit, grèvent l'exploitation d'une somme importante. C'est un système déplorable, mais forcé, qui ne pourra être modifié qu'à la longue ou par l'emploi des engrais industriels livrés avec garantie à des prix abordables. La suppression des droits de douane sur ces matières est réclamée avec instance.

Les matières fécales sont à peu près complètement perdues dans les villes et surtout dans les campagnes; car autour des villes il commence à s'en faire un emploi restreint. Il en est de même des boues de ville.

Les mortereaux de démolition et les cendres sont une ressource limitée, mais très recherchée. Aussi leur prix s'est fort élevé. Les premiers, sans le transport, valent de 75 centimes à 1 fr. le mètre. Les cendres se vendent autour de Pau 24 fr. le mètre cube.

Le chaulage est fort employé dans certaines localités : l'arrondissement de Bayonne, celui de Mauléon, un peu dans ceux d'Orthez et de Pau. Mais la chaux est trop chère pour l'agriculture, de 18 à 20 fr. la tonne de 1,000 kilog., et elle ne baissera de prix que lorsqu'on aura essayé d'un combustible moins cher que le bois ; alors son usage se répandra beaucoup. C'est par là que notre culture pourrait recevoir une impulsion plus énergique et entrer dans une voie meilleure sous bien de rapports. Les lignites qui sont en abondance dans nos coteaux peuvent résoudre ce problème. Tant que la chaux dépassera 10 ou 12 fr. par tonne, son emploi sera une affaire de luxe et ne se répandra qu'aux alentours des lieux de production. Partout ailleurs le prix des transports le rendent impossible.

La marne est peu employée, il y en a peu de bonne ; les analyses nombreuses que nous avons fait faire, nous ont démontré qu'on accordait beaucoup de mérite à certaines marnes qui ne valent pas le transport. On sait qu'elles doivent contenir au moins 50 p. 0/0 de carbonate de chaux pour pouvoir être employées avec avantage.

Aux varechs et aux sables de mer du littoral devrait s'ajouter l'emploi de l'eau de mer sur les fumiers, mais la régie s'y oppose. Par suite des formalités exigées, l'emploi du sel en agriculture est tout-à-fait rendu impossible.

La question de la fabrication du fumier de ferme doit être encore examinée au point de vue de la quantité de bétail qui se trouve sur la ferme.

On compte, en général, une tête de gros bétail par trois hectares. Ce nombre est insuffisant.

Les landes et touyas entrent pour un tiers environ dans la compositio dnes propriétés du pays; il s'en suit que la moyenne est d'une tête pour deux hectares cultivés. Sans l'insuffisance des capitaux et des prairies artificielles, cette proportion pourrait être considérablement augmentée. Dans des terres aussi propres à porter l'herbe que les nôtres, on peut facilement entretenir plus d'une tête par hectare cultivé. Cela existe déjà dans les terres des vallées. Voici, du reste, ce que l'on compte d'animaux dans différentes localités du département. Une ferme de vallée de 10 hectares possède ordinairement trois ou quatre juments poulinières, cinq à six bêtes à cornes, un ou deux cochons. Dans une ferme de coteaux de même contenance, on a une paire de vaches et leurs produits, une paire de veaux de un à deux ans et un cochon; c'est le tiers de ce que l'on devrait nourrir pour fumer convenablement la terre.

Dans l'arrondissement de Mauléon, pays d'élève, on nourrit ordinairement, sur une ferme de 15 hectares, 4 vaches à lait, faisant les travaux, 4 produits, une jument mulassière et une truie pour la reproduction.

h. Charges de la culture. — Assurances.

L'agriculture supporte les frais de construction et d'entretien des bâtiments, leur assurance contre l'incendie, les impositions directes, avec leurs centimes additionnels, ceux de l'Etat, du département et des communes, les prestations en nature, les droits d'octroi, de plaçage et de régie sur les vins, les octrois, les abonnements du vétérinaire, du forgeron et du meunier.

Les agriculteurs n'ont pas recours aux assurances contre la grêle, parce que les tarifs les rendent inabordables, et cependant les compagnies font toutes ou presque toutes de mauvaises affaires. Les assurances mutuelles sont impossibles quand il s'agit d'un fléau qui détruit toute végétation sur une longue étendue de terrain, souvent pour plusieurs années.

Quel remède apporter à cette situation ?

On a pensé que les assurances obligatoires et leur réunion dans les mains de l'Etat, permettraient tout à la fois de réduire beaucoup les tarifs, de supprimer les secours, d'ailleurs très insignifiants, que l'Etat donne en cas de fléaux accidentels, et de couvrir par le bénéfice résultant de certaines assurances, telles que l'incendie, les pertes résultant des autres sinistres.

Les difficultés d'exécution sont énormes pour réaliser cette grande amélioration. Nous ne saurions le dissimuler.

L'épizootie donne lieu à des assurances mutuelles dans certaines communes. Elles réussissent assez bien, parce que les assurés eux-mêmes surveillent leurs intérêts. Pourraient-elles être étendues au pays entier ? Nous le croyons. Mais cette création doit être le résultat de l'initiative locale.

⁂

Quant au matériel agricole, il est généralement d'une simplicité extrêmement primitive, et sans entrer ici dans une description inutile, on peut l'évaluer du 10e au 15e de la valeur d'une petite propriété.

II

CONDITIONS SPÉCIALES DE LA PRODUCTION AGRICOLE

a. **Procédés de culture.**

Le mode de culture le plus répandu dans le département est l'assolement biennal, maïs et froment. Le maïs planté, sarclé reçoit la fumure ; les haricots sont souvent cultivés dans cette sole. On les sème au pied du maïs qui lui sert de rames. Sur une partie de la sole du froment, on fait une culture dérobée de farouch et raves. Les raves servent à nourrir le bétail pendant l'hiver. Le farouch est paccagé jusqu'au mois de mars, et ensuite il est la première nourriture verte qu'on donne aux animaux. Ceux-ci reçoivent aussi les tiges de maïs en hiver. Ailleurs, on a recours à l'assolement triennal froment, maïs sur le froment, jachère. Sur une portion de la jachère, on fait des pommes de terre, du lin, des fèves ou du trèfle. Ailleurs encore, on suit un assolement triennal de maïs, froment et avoine. Celui-ci est décidément très mauvais, il salit beaucoup la terre ; la succession de deux céréales est contraire à tous les principes d'une bonne agriculture.

Les seuls perfectionnements sérieux qui se soient introduits depuis trente ans, sont la culture du trèfle et l'établissement de luzernières, qui tendent à se propager dans les contrées où la terre est suffisamment profonde et à base calcaire.

Les progrès dans ce sens eussent été plus prononcés sans la maladie de la vigne qui, frappée depuis onze ans par l'oïdium, a ôté à une portion notable de nos agriculteurs le capital qu'ils appliquaient à améliorer leurs fonds.

Voici comment M. le baron de Laussat, qui est parfaitement à même de rendre compte de la nature des cultures dans l'arrondissement de Pau, parle de la production agricole ; son expérience nous éclairera :

« Les assolements varient selon la constitution du sol. Dans les vallées, la terre est légère, maniable, accessible, en toute saison de l'année. Dans la région des coteaux, qui représente

les deux tiers de la superficie labourable du département, le sol est argileux, inabordable par les temps d'humidité et de sécheresse » . . . . •

Après avoir fait connaître les assolements qui sont ordinairement usités, l'honorable écrivain ajoute :

« Ces assolements se pratiquent respectivement depuis des siècles, à l'exception du maïs, dont on ne rencontre pas mention avant le XVII\ siècle. Cependant, on peut citer certains cantons du Béarn où la culture du froment a été substituée à celle du millet, vers le commencement de ce siècle ; amélioration qui a été secondée par l'emploi de la charrée. On signale aussi une extension de la culture du trèfle dans la région des coteaux » . . . .

« Dans la région des coteaux, la proportion des terres labourables affectées aux diverses cultures, est naturellement déterminée par tiers. C'est dans un coin ⌐des éteules, et dans des proportions insignifiantes, que sont cultivées les pommes de terre, le lin, les raves ; dans les vallées, on ne saurait non plus discerner un exemple d'une rotation rationnellement combinée ; la terre y est sans cesse occupée..........

» Pour ce qui concerne la région argileuse, les avantages d'une modification dans le système de la culture se démontrent d'eux-mêmes. Les obstacles à ces améliorations sont-ils l'ignorance, la division excessive de la propriété, le manque des capitaux ? Une famille qui recueille à peine sa subsistance sur une étendue de 4 hect., recule devant les hasards d'une tentative, ou plutôt devant la crainte de voir ses ressources compromises et diminuées par la réduction de la sole consacrée au maïs ou au froment, pour se décider à établir une prairie artificielle ; elle entrevoit aussi la possibilité d'une récolte diminuée par la gelée ou la grêle. Elle se confiera dans les errements de la tradition routinière. Cependant, si la valeur vénale du bétail augmente, si les débouchés régulièrement ouverts affermissent les cours, on verra les plus entreprenants essayer la culture du trèfle et lui assurer une place dans l'assolement. Ce premier ébranlement dans les préjugés entraînera à l'invitation d'un exemple couronné par le succès.

» Pour ce qui concerne les vallées, on peut reprocher à la culture de ne pas laisser une place suffisante au nettoiement du sol, et de faire revenir trop souvent celle du trèfle. Mais déjà les conséquences de ces abus ont été entrevues par les plus intelligents des agriculteurs, et ils ont éloigné le retour du trèfle pour y substituer la luzerne. »

Dans les meilleures terres du département, les prairies artificielles ont augmenté, dans de grandes proportions, la quantité des fourrages ; partant, le bétail est mieux nourri, plus nombreux, les engrais sont de meilleure qualité et plus abondants, mais il est encore beaucoup de progrès à réaliser sous ce rapport.

On estime que la terre est divisée ainsi qu'il suit entre les cultures dans le département des Basses-Pyrénées :

Le froment occupe	53,000 hectares.
Le maïs	70,000
L'avoine	1,900
Le seigle	450
Les pommes de terre.	1,600
Les haricots dans le maïs. . .	19,000
Les prairies.	71,000
Les vignes..	25,000

Ajoutons que les propriétés sont plutôt dirigées par les facilités que trouve le placement des produits, que par la composition de leurs terres, pour préférer telle culture à telle autre.

c. **Défrichements.**

Onze mille hectares de landes communales ont été aliénées depuis dix ans et sont passées dans les mains des particuliers. Un quart de ces landes peut être défriché, mais il en reste 36 à 37 mille hectares dont une bonne partie est susceptible d'être livrée à la charrue. Avec la rareté des capitaux et des bras, avec la résistance que l'on rencontrera nécessairement chez les cultivateurs pour détruire les touyas qui leur fournissent un peu de pacage et la litière des étables, le défrichement n'est pas à espérer prochainement. Nous ajouterons même qu'il n'est possible que très lentement et successivement. Déjà, dans l'état actuel des choses, l'agriculture produit plus de froment que la France n'en consomme et n'en exporte ; si les bas prix des céréales ont amené en partie la crise dont nous souffrons, augmenter les terrains destinés à la production serait contraire à toutes les lois économiques. Avant d'en venir là, il faut que nos cultures soient perfectionnées, que le rapport des hectares cultivés dépasse de beaucoup sa moyenne actuelle, qu'ainsi le prix de revient par hectolitre soit abaissé, que les économies du cultivateur soient constituées ; après ces améliorations, le défrichement de nos landes se fera sans qu'il y ait besoin de grands stimulants pour l'obtenir.

Sous l'influence d'une opération considérable entreprise pour le défrichement et l'irrigation de 1,000 hectares du Pont-Long, les touyas aux environs de Pau sont en hausse considérable.

Qu'une entreprise analogue se fasse pour le haut Ossau ; alors 2,000 hectares seront retirés de la production annuelle des litières, et la hausse sera plus sensible encore. Cela, j'en conviens, ne mène pas directement au défrichement des landes restées entre les mains des particuliers ; mais l'aisance et le bien-être général y conduiraient sûrement.

Dans les contrées de montagnes, le défrichement n'est guère possible ; la nature déclive et rocailleuse du sol s'y oppose ; mais il y a à faire, pour ces contrées, des études de reboisement et de gazonnement qui en changeraient la nature et la valeur.

Ce qui s'oppose encore au défrichement des landes communales, c'est l'habitude de la dépaissance commune.

Dans les tournées agricoles que nous avons eu l'occasion de faire pour décerner les primes de domaines, créées par le Conseil général, l'aspect du bétail et des terres nous indiquait sur-le-champ les localités coutumières de cette misérable ressource.

Il y a un intérêt considérable pour le pays à voir amodier ou vendre ces parcours qui nuisent aux développements de l'agriculture.

c. **Dessèchements. — Drainage. — Irrigations.**

Les dessèchements opérés jusqu'à ce jour sont peu importants.

Le drainage est aussi peu répandu. Cependant personne n'en méconnaît, je ne dirai pas l'utilité, mais l'indispensable nécessité, pour certaines terres. Toutefois, le prix élevé du drainage à tuyaux (250 à 300 fr. l'hectare), les mécomptes auxquels il a donné lieu, par suite de l'encombrement des tuyaux, par le chevelu des racines de certains végétaux, les avantages incertains pour ceux qui ne l'ont pas expérimenté, promettent peu de succès. Il n'est pas question d'emprunter à l'Etat pour cette opération. Les formalités à remplir suffiraient pour dégoûter les propriétaires d'avoir recours à lui.

Le drainage avec des cailloux ou des fascines est plus pratiqué et plus accepté, parce que le petit propriétaire opère avec ses ressources personnelles sans grande dépense.

Ce qui pourrait le mieux développer le drainage et le répandre dans le pays, ce serait des études gratuites des terrains, et des hommes pratiques pour diriger les travaux. Les ingénieurs sont trop loin des cultivateurs et leurs subordonnés n'ont pas l'expérience suffisante. Dans le pays de Siegen, en Westphalie, où l'irrigation est en grand honneur, on trouve à 3 francs par jour des hommes spéciaux qui dirigent et exécutent les travaux d'irrigation avec un succès complet.

Toute espèce de progrès se réalise lentement dans le Béarn. Néanmoins, l'irrigation est l'amélioration qui se fera le plus facilement accepter. On se heurtera, sans doute, dans la pratique, au peu de propension qu'ont les cultivateurs pour l'association. Il n'y a pas de concours actif à attendre des syndicats; on est trop habitué à faire passer les considérations personnelles par dessus l'intérêt commun. Il n'y a que le système des compagnies, heureusement inauguré dans l'affaire du Lagoin, mais non encore passé dans la pratique, qui puisse obtenir des résultats. Il faudrait aussi des modifications à la législation sur les cours d'eau. La Société d'agriculture a demandé que les obligations de l'Etat, du département et des communes, comme personnes civiles, fussent identiques à celles des particuliers, en ce qui concerne le régime des eaux.

On évalue à 30,000 hectares les terrains susceptibles d'irrigation. En dehors des grandes irrigations déjà étudiées ou en cours d'exécution, il n'y a presque pas un domaine de coteau où certains terrains ne soient susceptibles de recevoir cette amélioration.

Voici ce que nous écrivions en 1861 :

« Toutes les eaux des parcs à bestiaux, des cours de ferme et surtout celles provenant du drainage peuvent être utilisées, et, dans ces conditions, un bien petit nombre de propriétaires ne trouveront pas de terrains à arroser.

» Bien des personnes seraient arrêtées peut-être par la petite quantité d'eau dont elles disposent ; elles s'imaginent qu'il est impossible d'en tirer de bons résultats. Nous leur répondrons qu'il faut bien se persuader, qu'il est plus avantageux d'*humecter* une prairie que de la laver. On voit en Angleterre, dans beaucoup de fermes, une herbe luxuriante là où l'eau coule pour ainsi dire goutte à goutte. » (*De l'Irrigation dans les contrées montagneuses*, Pau 1861.)

d. **Prairies et cultures fourragères.**

Les prairies naturelles occupent 71,000 hectares dans le département. Leur rendement moyen est de 40 quintaux métriques par hectare (foin et regain). Le prix de vente du foin, depuis dix ans, a été en moyenne de 6 fr. les 100 kilog. et pour le regain de 4 fr. à 4 fr. 50. Ces prairies reçoivent une fumure tous les trois ans.

Les prairies artificielles occupent environ 3,000 hectares. Les frais d'établissement consistent en ceux du hersage et de semence. On sème le trèfle et la luzerne ordinairement dans le froment ou l'orge. Il faut deux jours et demi pour herser un hectare avec une paire de bœufs, à 5 fr. par jour et 15 fr. pour la semence. Viennent ensuite les frais d'entretien et de récolte. On répand chaque année 20 mètres cubes de fumier à 5 fr. l'un, valant 100 fr. Le fauchage à six faucheurs par hectare, à 2 fr. 25 l'un, les frais de fanage à 10 fr. par hectare, plus les frais de rentrée à 6 fr. par coupe. Ces cultures rendent 75 quintaux métriques; leurs produits sont bien rarement vendus; il est donc difficile d'en indiquer le prix.

On cultive encore le farouch et les raves en culture dérobée sur le froment et avant le maïs. Les frais principaux sont la fumure, 120 fr. environ; mais le maïs qui suit cette récolte en profite aussi. Dans le pays Basque, la culture de la rave est très importante. Elle y occupe le 1/10ᵉ des terres arables; les travaux consistent en un léger écobuage et en une fumure. — Les racines sont employées à l'engraissement du bétail en hiver.

La culture des betteraves, essayée par un petit nombre de cultivateurs, réussit très bien; mais chacun sait qu'elle ne peut se développer favorablement qu'autant que la betterave reçoit un emploi industriel, soit qu'on en retire du sucre, soit qu'on la distille pour l'alcool. Les tourteaux, employés ensuite à la nourriture du bétail, sont un profit net pour le cultivateur.

e. Reboisement et gazonnement des montagnes.

Je voudrais ici résumer quelques idées empruntées à une brochure de M. Mathieu, inspecteur des forêts, sur le reboisement et le gazonnement des Alpes. Elles s'appliqueraient très utilement sur les plateaux et dans les pentes des Pyrénées.

Connaissant moins les besoins de la partie montagneuse du département, j'ai moins insisté sur les développements que la culture peut y recevoir. Sa nature, essentiellement pastorale, donne aux détails suivants une valeur et une actualité incontestables.

Empêcher le déboisement et favoriser le reboisement, c'est aller à l'encontre d'une pénurie prochaine dans les approvisionnements de bois de chauffage et de construction. Le gazonnement des pentes fournirait à nos montagnards des ressources supplémentaires, nombreuses, pour l'alimentation de leur bétail.

J'arrive à l'analyse de la brochure de M. Mathieu.

Deux forces antagonistes se trouvent en présence dans nos montagnes, et de la prédominance de l'une sur l'autre dépendent la ruine ou la prospérité des habitants.

La première, essentiellement destructive, est la force de dénudation qui démolit les crêtes, ravine les versants, comble les vallées. La force réparatrice est celle de la végétation forestière et fourragère, malheureusement et souvent entravée par l'homme qui est le plus intéressé à ses progrès. Bien secondée, elle atténuerait les maux occasionnés par la première, les réparerait et donnerait tout à la fois la sécurité et le bien-être. C'est à favoriser ces efforts que l'on doit s'attacher, partout où des faits analogues se présentent.

Le gazonnement des pentes, le non déboisement et le reboisement en fournissent les moyens certains.

Les causes de dénudation sont, en première ligne, les éboulements, les chutes de rocher, les glissements de terrains, auxquels il n'est guère possible d'obvier. Les autres, sont l'action des eaux pluviales qui délayent certaines natures de terrains, principalement ceux à base de marne ou d'argile ; elles peuvent être combattues avec avantage et succès.

Chez nous, comme dans les Alpes, l'homme a porté souvent une main téméraire et inconsidérée sur les produits naturels du sol. Les forêts ont disparu pour faire place à des pâturages plus immédiatement productifs, sans doute ; mais le sol, privé de la protection des arbres, a perdu son humidité et l'abri qui le protégeait contre le choc des eaux pluviales. On a abusé de la dépaissance ; on s'est abstenu de réparer les désastres qui ont été la conséquence de ces abus et on a ainsi laissé mettre à nu la carcasse rocailleuse des monts et rendu le mal irréparable.

Si les pâturages eussent été ménagés, au lieu d'être ravagés, si, de temps à autre, on eût laissé les herbes grainer et se ressemer, ils eussent été conservés indéfiniment avec avantage pour l'utilité commune.

Les lois de 1860 et de 1864, sur le reboisement et le gazonnement, ont eu pour objet de pourvoir à des nécessités devenues impérieuses. L'administration forestière est entrée dans la voie de l'exécution. Elle a pour mission de relever les ruines et d'en prévenir de nouvelles. Elle arrivera, sans doute, à aménager d'une manière rationnelle les pâturages de montagnes, en déterminant l'époque et la durée des parcours, en les interdisant tout-à-fait dans les premières années de leur création.

Quand la configuration du terrain le permettra, les pâturages seront transformés en prairies.

C'est ici qu'un grand rôle est réservé aux irrigations pour augmenter la production de ces fourrages.

M. P. Troy, maire d'un chef-lieu de canton de l'Ariège, dans le cœur des montagnes, signale avec raison, que la meilleure manière de faire accepter aux communes les améliorations projetées consisterait, avant de mettre en défends certains de leurs parcours, à leur livrer des pacages ainsi améliorés ; leur rendement, bien supérieur à ceux qu'ils exploitent, les rassurerait contre les conséquences du retrait de leurs parcours habituels.

L'irrigation, combinée avec des barrages destinés à retenir les terres, avec des abris forestiers protégeant les prairies et le bétail contre l'action combinée des vents et des pluies, avec l'établissement de routes d'exploitation, transformerait cette nature de propriété, inutilisable et inaccessible dans l'état présent des choses.

L'irrigation, employée sur un grand nombre de points, pourrait même diminuer la fréquence et le volume des inondations ; elle retiendrait dans les montagnes une dose d'humidité qui s'en éloigne trop vite ; elle favoriserait la croissance de certaines productions forestières et remédierait à cette dénudation du sol, que l'on considère comme une des causes principales des ravages qui viennent périodiquement désoler une partie de la France.

Le gazonnement devrait, dans l'application, primer le reboisement dont les résultats longs à obtenir, incertains, ne se laissent pas entrevoir dans un avenir aussi prochain, aussi tangible pour les intéressés. D'ailleurs, l'établissement de bons pacages laissera plus de chances à la repousse des essences forestières, partout où la dent du bétail en serait éloignée.

Quoi qu'il advienne, l'étude des natures d'arbres convenables aux reboisements est entreprise par l'administration forestière. Des pépinières, créées par ses soins, permettent de connaître, en dehors des essences naturelles au pays, celles qu'il serait utile d'introduire.

La même étude devrait se faire pour les graminées propres à peupler les pacages, suivant la nature des terrains et leur orientation.

Nous laissons à dessein de côté la partie technique de cette œuvre ; elle sortirait des limites restreintes de cet ouvrage.

c. **Animaux.**

Les espèces d'animaux de race bovine répandues dans le pays sont : la race baretonne, petite, sobre, nerveuse, rustique, mauvaise laitière, très apte au travail; la race béarnaise, qui a un peu plus de développement et qui paraît être une dérivation de la première, ayant reçu la nourriture des plaines; la race basquaise, plus perfectionnée encore, surtout quand elle approche des vallées, plus apte à prendre la graisse, et la race lourdaise, peu élégante, mais plus lymphatique, et par conséquent plus laitière. Ces races changent de formes suivant les vallées où elles prennent naissance et affectent des caractères particuliers qui constituent des sous-races peu différentes.

Aux environs des villes, pour la fourniture du lait, il existe quelques vaches bretonnes, des croisements suisse et autres races, mais en petit nombre.

Ces diverses races se sont améliorées sous l'influence des concours. On a choisi avec plus de soin les reproducteurs mâles, et les plus belles génisses sont conservées avec plus d'intelligence qu'on ne l'avait fait précédemment.

Toutefois, les concours régionaux, bons, dans le principe, pour indiquer aux cultivateurs ce que l'on peut obtenir avec des soins et une nourriture appropriée, ont une tendance fâcheuse pour notre pays. Ils poussent trop aux croisements ou à l'introduction de races qui ne peuvent réussir dans notre climat et dans nos herbages. Les croisements donnent des produits remarquables à la première génération, mais dans les suivantes, ils reprennent les formes locales. Les produits ne sont pas d'une vente facile, et, sauf chez un petit nombre d'éleveurs, ils ne peuvent se maintenir. L'amélioration de nos races par sélection est la meilleure chose à faire. C'est un système qui ne donnera pas de déceptions.

Les concours régionaux ont le grand inconvénient de pousser les agriculteurs à faire des tours de force et à entrer dans une voie de faux progrès. On nourrit un ou deux animaux aux dépens d'une étable entière ; souvent même on n'en a pas d'autres, et on vient recueillir une prime qui ne nous paraît pas méritée. L'industrie des coureurs de concours n'est en rien utile aux progrès agricoles. Nous ne voulons pas assurément décourager les éleveurs sérieux qui, avec une persévérance digne d'éloges, poursuivent l'amélioration de nos races. Nous désirerions au contraire qu'ils trouvassent toujours des récompenses plus nombreuses, en même temps qu'une concurrence plus sérieuse avec leurs pairs.

Dans ce but, nous demandons la suppression des concours régionaux, avec ce correctif, qu'il serait donné des encouragements beaucoup plus considérable à ceux des départements, des arrondissements et des cantons. Doter plus largement les sociétés d'agricultures et les comices, nous paraît être le vrai moyen de pousser au progrès. Les primes domaniales, telles qu'elles ont été créées par le Conseil général du département, doivent produire, à la longue, d'excellents résultats. On saisit, en effet ainsi, l'agriculteur chez lui. On voit un ensemble d'exploitation ; on peut apprécier si les combinaisons employées sont en rapport avec les besoins et les résultats obtenus. Il n'y a pas là de fraude possible, et l'agriculteur, qui obtient une prime dans ces conditions, a rempli un programme plus ou moins complet, et, par conséquent, il a donné un exemple bon à suivre et à proposer à l'émulation des cultivateurs.

Cette opinion a rencontré beaucoup d'écho dans la Commission d'enquête.

⅔

L'élève du cheval, industrie nationale, créée et poursuivie avec passion et persévérance, est sujette à des fluctuations et à des incertitudes bien longues. Notre race est légère, nerveuse, pleine de fonds, elle est de longue durée. Elle porte l'empreinte de croisements suivis entre la race navarraise, autrefois la race du pays, avec des étalons anglais ou arabes. Elle réunit des qualités précieuses pour la remonte de la cavalerie légère et peut produire également le cheval de luxe destiné aux particuliers. Avec les caractères inhérents au climat, cette race donne des produits qu'on a vus se vendre de 1,800 à 2,000 fr., à deux ou trois ans. La masse n'atteint pas ces prix. Il serait à désirer pour nos contrées, que le Gouvernement, abandonnant la grosse cavalerie dont l'usage, en campagne, s'est pour ainsi dire perdu, transformât ces régiments sans utilité en régiments de cavalerie légère, dont l'emploi à la guerre est constant et beaucoup plus adapté à notre production agricole. Les chevaux du pays, par leur sobriété et leur résistance au travail, sont, de toute la France, ceux qui rendraient les services les plus sûrs.

Le propriétaire qui fait des mulets est obligé aussi, de temps en temps, ne fût-ce que pour conserver une bonne race, de livrer sa jument à l'étalon des haras, et, par conséquent, il contribue à maintenir l'élève du cheval comme un élément essentiel de notre agriculture.

Les cultivateurs des Basses-Pyrénées ont, sur la question chevaline, deux vœux à formuler.

Le premier, c'est le rétablissement des primes précédemment accordées aux pouliches de trois ans consacrées à la reproduction; le second, c'est le maintien de l'administration des haras. C'est à ces conditions que l'industrie chevaline ne se perdra pas chez nous.

⅄

Les petits cultivateurs entretiennent, avons-nous dit, des juments poulinières qu'ils livrent le plus souvent au baudet. Le produit se vend ordinairement très bien à six mois. Les Espagnols nous les achètent par masses, pour les élever dans leurs immenses pâturages. Le prix des juments est de 3 à 600 francs. Le produit est en raison de la valeur de la mère ; on le nourrit le plus possible au pacage ; la dépense à l'écurie peut-être évaluée à 60 ou 80 quintaux de fourrages. En sorte que, au bout de six à huit mois, le cultivateur réalise un bénéfice assez important. Malheureusement, cette industrie se ressent'des crises politiques qui agitent l'Espagne, et, depuis trois ans, elle est en souffrance. Quand les fourrages font défaut au sud des Pyrénées, nous en subissons aussi le contre-coup.

⅄

Il est assez difficile de se rendre compte de la dépense d'entretien du bétail sur une métairie.

La culture se fait ordinairement par des vaches dans la petite propriété et partout où la nature du sol n'oppose pas une trop grande résistance au travail.

Dans les propriétés un peu plus importantes, on a ordinairement une paire de bœufs pour les labours et une paire de vaches pour *coutrer*, l'opération du labour dans les conditions de la charrue du pays étant dédoublée et exigeant deux attelages et deux personnes. Les animaux de travail sont ordinairement bien entretenus, souvent au détriment des animaux de l'étable auxquels on distribue une nourriture insuffisante, et pour lesquels on n'a 'guère d'autres ressources que le pacage des chaumes de froment, des farouchs en hiver, et celui des touyas communaux ou particuliers. Si le grenier à foin présente des ressources pour trois mois de consommation à l'étable, on voit ce qu'il faut demander à la dépaissance, et par conséquent, dans quelles conditions nos animaux doivent trouver leur développement et leur alimentation.

On peut évaluer à 150 fr. par an la dépense d'un bœuf de travail, à 100 fr. la dépense d'une vache.

Les vaches ont à pourvoir le ménage de lait, la ferme de travail et la bourse du cultivateur de quelqu'argent par la vente des veaux. Quand elles sont bien entretenues, leurs produits valent, à huit mois, de 60 à 80 fr. On garde généralement les génisses pour la reproduction.

Dans les quartiers bien approvisionnés de fourrages, on achète de jeunes veaux de huit à dix mois, de 140 à 180 fr. la paire, et après six mois, un an d'entretien, ils sont vendus en doublant presque leur prix d'achat. Quand l'aisance du cultivateur le permet, il achète de préférence des bœufs maigres pour les revendre en bon état après les avoir gardés douze à quinze mois. Ces acquisitions se font à l'époque où les travaux de la terre étant achevés, beaucoup de cultivateurs se défont de leurs animaux de travail, pour économiser la dépense qu'ils occasionnent.

Notre département nourrit beaucoup de cochons. C'est la base de l'alimentation des petits ménages, et la graisse est le condiment indispensable de toutes les cuisines du pays.

La dépense d'entretien de ces animaux est peu élevée en général; les déchets du grenier, les restes du ménage, les glands, pommes de terre, tout leur est bon. On les achète de 20 à 30 fr. à trois mois, et au bout d'un an leur valeur peut s'élever de 150 à 180 fr., ayant coûté de 60 à 80 fr. d'entretien. Mais il y a des variations infinies dans les cours de ces animaux. Nous avons vu les petits cochons de lait se vendre 1 fr. 50 et 2 fr.

Les moutons jeunes coûtent de 9 à 12 fr. et se vendent de 18 à 20 fr. après la toison. Le prix d'entretien est à peu près de 6 fr. par an, dont il faut déduire 4 fr. de toison.

Dans le pays Basque et dans les vallées, on se livre à l'engraissement des animaux pendant l'hiver. La rave, le maïs et le regain, quelquefois le tourteau, sont employés à cette industrie qui ouvre la porte au perfectionnement agricole. Le fumier des bêtes engraissées est meilleur que le fumier d'étable ordinaire, et par conséquent, il y a là l'origine d'un accroissement des produits de la terre.

§

Ce qui a pu contribuer au peu de développement de cette industrie, c'est l'écart trop élevé entre le prix du bétail et celui de la viande.

Cette situation a fait attaquer très vivement la liberté du commerce créée pour la boucherie aussi bien que pour la boulangerie. Il est certain que pour une foule de petites localités, où souvent il n'y a qu'un établissement d'approvisionnement, le consommateur est dans sa dépendance pour les prix. De là, plusieurs personnes ont inféré la nécessité de régulariser par la taxe des commerces qui touchent à des objets de première nécessité. Nous ne pouvons pas méconnaître les inconvénients qu'a eus la suppression des taxes municipales et la légitimité des plaintes qui se font entendre. Mais nous croyons qu'il n'a pas été fait une expérience suffisante du régime de la liberté, et que, tôt ou tard, elle corrigera d'elle-même ses excès. En attendant, nous souffrons. Il faut s'en prendre encore plus au régime ancien qu'au régime actuel. On ne passe pas impunément du régime du privilége à celui de la liberté entière. Voici, en effet, ce qui s'est passé :

Autrefois, la corporation des bouchers limitée, restreinte, mais jouissant de priviléges, en même temps qu'elle était taxée, n'avait pu, en aucune manière, s'étendre. Elle restait, en général, le domaine privé d'une famille ; il ne se formait pas de bouchers. Comment auraient-ils pu se former, puisque la profession était, pour ainsi dire, une place pour laquelle il fallait être agréé par ses concurrents. Qu'en résultait-il ? — Une entente permanente sur la manière d'exploiter le public.

Avec le système actuel de liberté, il s'en créera de nouveaux. Cela ne peut arriver vite, sans doute, mais peu à peu, la concurrence naîtra.

C'est, d'ailleurs, ce qui est arrivé à Pau. Sous l'inspiration du Comice agricole, il a été fondé une société par actions pour l'établissement d'une boucherie.

Elle a fonctionné pendant un an et non sans peine, nous devons le dire, mais aussi, ajoutons-le, avec un succès incontestable.

Elle a tout à la fois augmenté les prix de vente sur les marchés d'environ 13 p. 0/0, et imposé un frein à la hausse exagérée des prix par les bouchers.

Elle a diminué assez notablement les prix des catégories inférieures. Son commerce, pratiqué avec honnêteté, assure aux consommateurs une satisfaction, quant aux qualités des marchandises et à leur poids, et nous sommes fondés à espérer que les actionnaires eux-mêmes n'auront pas à se plaindre des résultats.

Le succès de cette entreprise encouragera certainement la fondation des sociétés protectrices du consommateur et du cultivateur, malgré les difficultés inhérentes à de telles œuvres.

A Pau, par exemple, il y a une époque de morte saison difficile à passer. En été, la viande ne se conserve pas, et le débit diminue beaucoup. En hiver, par contre, la consommation de première qualité est disproportionnée avec celle des qualités inférieures. Ce sont là des écueils qui ne se rencontreront guère ailleurs.

Nous nous empressons de donner ici quelques-uns des résultats obtenus par la boucherie agricole.

Dans l'espace de 360 jours, du 4 décembre 1865 au 30 novembre 1866, elle a débité :

259 bœufs, pesant	143,495 kilog.
500 veaux, —	44,935
1,004 moutons, —	39,605

Le débit de la ville de Pau, pendant les 12 mois correspondants (4 jours de plus), a été de :

1,530 bœufs, pesant	796,040 kilog.
96 vaches, —	29,870
6,993 veaux, —	572,685
9,035 moutons, —	322,125

Auxquels il faut ajouter, pour la viande dépecée abattue en dehors de l'octroi :

Bœuf et vache. . . . . 169,279 kilog.
Veau. 31,316
Mouton. 66,301

La boucherie agricole fournit donc 12 p. °/₀ de la consommation totale des 23,000 habitants de la ville de Pau.

Les bœufs nous ont coûté, en moyenne 388 fr. 60
Les veaux   —   —   63   23
Les moutons   —   —   25   27

Ils nous ont rendu, en moyenne, en viande nette :

Les bœufs . . . . . . 312 kil. 530, ou 56 p. °/₀
Les veaux 55   970, ou 62 p. °/°
Les moutons. 20   900, ou 52 p. °/₀

Chaque kilog. de viande nette nous ressort :

Pour le bœuf, à . . . . 1 fr. 24
Pour le veau, à 1   13
Pour le mouton, à 1   21

Ils sont grevés des frais d'octroi et d'abattoir, qui sont :

De 9 c. 41 par kilog. de viande nette de bœuf.
De 10 c. 55   —   —   de veau.
De 12 c. 89   —   —   de mouton.

§

Les produits des animaux se vendent avec assez de facilité.
La laine est employée dans le pays à la fabrication des vête-
ments communs.

Le lait et le beurre trouvent aux environs des villes des
débouchés assurés ; les fromages sont mal fabriqués et sont
consommés à la campagne.

Quant à la volaille et aux œufs, les chemins de fer leur
ont ouvert l'exportation, et il y a beaucoup de petits cultivateurs qui y trouvent une ressource assurée pour leurs besoins
journaliers et une certaine aisance ; car, il faut le reconn-
naître, un petit pécule contribue beaucoup à la prospérité d'une famille de cultivateurs ; la vie ordinaire, le vête-

ment sont assurés ; la santé y gagne et le travail est moins souvent entravé. Mais si ces bienfaits sont ordinairement acquis au métayer, il ne faut pas se dissimuler que le débit des petits produits de la ferme ne bénéficie que très à la longue au propriétaire. Au contraire, les champs sont souvent dévastés par la volaille qui procure de l'aisance à son associé cultivateur.

Le courant qui s'est établi vers les villes et vers Bordeaux a fait doubler, depuis dix ans, le prix de ces produits, et la rémunération qu'on en retire est suffisante.

g **Céréales. — Produits et frais de culture.**

Ici nous laisserons parler le Comice agricole d'Orthez, dont l'étude sur cette matière est très bien developpée.

« Les frais de culture peuvent être évalués :

Pour le blé, à 183 fr. 20 c. par hectare ;
Pour le maïs, à 186 fr. 50 c. par hectare ;

Dont voici le détail :

| Culture du blé, | 24^f | labours. |

Culture du blé, 24ᶠ labours.
        12 hersages.
        80 fumure 20 m. cubes à l'hectare, la 1/2 de 40 m. cubes pour 2 ans.
        30 semence un hectolitre 1/2 (le froment de semence se paie toujours plus cher.)
         6 semer et relever les bordures.
       18 moisson.
    13 20 battage et transport.
____

183ᶠ 20 »

La chambre consultative d'agriculture de Pau évalue ces frais à 134 fr. 25. Mais la fumure n'y est pas comprise. M. de Laussat les apprécie à 153 fr. pour les terres de coteaux, à ... fr. pour celles des vallées : la fumure n'est pas comprise dans cette évaluation ; or, elle représente pour l'assolement du pays 60 fr. au moins.

« Culture du maïs, 24ᶠ labours.

       24 hersages.

       80 fumure (20 m. cubes).

     7 50 3/4 d'hectolitre semence.

       6 ensemencement.

      25 sarclage et battage.

      20 récoltes et dépouilles.

    186ᶠ 50 »

La chambre consultative d'agriculture de Pau évalue cette culture à 105 fr. 15 (fumure en dehors).

D'après M. de Laussat, 106 fr. 25 pour les terres argileuses et 57 fr. 75 pour celles des vallées (fumure en dehors).

» Le produit moyen étant, savoir :

Pour le froment, de 11 hectol. par hectare, à 18 fr. 198 fr.
Et pour le maïs, de 20 — — à 10 200

On voit, par la comparaison de la dépense et du produit, que le revenu liquide serait de 14.80 pour le froment, et de 13.50 pour le maïs. Mais à ces revenus il faut ajouter la paille du froment et la dépaissance après la récolte, et, quant au maïs, la valeur des fourrages en feuilles, sommités et dé-pouilles.

» Dans tous les cas, le revenu du propriétaire qui fait exploi-ter pour son compte est toujours très minime, surtout s'il n'a pas le bétail à lui et s'il doit acheter le fumier.

» S'il s'agit d'une propriété plus ou moins bien assortie, on se tromperait beaucoup en évaluant le revenu par le produit séparé des terres de diverses natures dont elles se composent. Qui ne sait, en effet, que dans le produit de la terre cultivée se confond en général celui des prairies, celui des landes et touyas, etc., nécessaires pour la nourriture du bétail et la fabrication du fumier. C'est donc en prenant la propriété *in globo*, qu'on peut en connaître le véritable revenu, ainsi que cela se pratique d'ailleurs pour l'application des lois ficales.

» Or, comme nous constatons que la majeure partie des pro-priétés moyennes sont, dans ce pays, exploitées par des métayers, nous indiquerons ici la composition et le produit de ce qu'on considérerait comme une bonne métairie.

» Une superficie totale de 15 hectares, dont :

7 hectares de terre cultivés à 1,800 fr. l'hectare . . 12,600^f

1 hectare de prairie à 2,000 fr. 2,000

7 hectares de terre qu'on nomme généralement pâtures , produisant fougères, ajoncs épineux , et plus ou moins de bois de chauffage pour les besoins du métayer, à 1,000 fr. l'hectare 7,000

Bâtiments d'exploitation 3,400

Bétail. 1,200

Frais d'achat de la propriété sur un capital de 25,000 fr., en moyenne 8 p. %. 2,000

Total du capital employé par le propriétaire. . . . 28,200^f

Produit :

3 hectares de froment, à 11 hectolitres par hectare. . 33^h 00

A déduire la semence (1 hectolitre 1/2 par hectare). 4 60

Reste. . . . . 28^h 50

Au prix moyen de 18 fr. l'hectolitre. . . . . 513^f

3 hectares 50 ares de maïs, à 20 hectolitres par hectare.. . . . . 70^h 00

A déduire la semence, 75 litres par hectare. 2 63

Reste . . . . 67^h 37

Au prix moyen de 10 fr. l'hectolitre. 673

50 ares en lin et pommes de terre (produit moyen). 73 30

Total. . . . . 1,260^f

Dîme prélevée par le propriétaire 126

Reste à partager par moitié. . . . . 1,034^f

Dont la moitié est de. 517

Revenu pour le propriétaire :

Dîme. 126ᶠ
1/2 au partage des récoltes 517
1/2 du bénéfice sur le bétail, en moyenne 75
    Redevances :
Six oisons non engraissés. 15ᶠ
Un jambon 10   32ᶠ
Volaille 7

        Ensemble. 750ᶠ

D'où il faut déduire pour contributions, assurances
contre l'incendie et contre la grêle, frais de dépi-
quage, etc., vacations, voyages de surveillance et
partage des fruits, au moins. 150

        Reste. 600ᶠ

» Soit un revenu de 600 fr. sur un capital de 28,200 fr., c'est-
à-dire environ 2 fr. 12 p. 0/0, sans compter les diverses
chances des intempéries qui ne peuvent être réparées par
aucune sorte d'assurances, l'entretien des bâtiments, des clô-
tures, des barrières, etc.

» Pour le métayer :

Sa part au partage des récoltes 517ᶠ
Moitié du bénéfice sur le bétail 75

        Total 592ᶠ

D'où il faut déduire, pour intérêts et entretien du capital représenté par les outils aratoires, 10 p. %/₀ sur
environ 600 fr. 60

        Reste 532ᶠ

» Pour les travaux de cette métairie, il faut au moins le métayer et sa femme et un domestique mâle, dont les gages
ne seront pas moindres de 100 fr. — Restera donc 432 fr.
pour la nourriture et l'entretien de ces trois personnes, et s'il
y a de petits enfants, augmentation de misère.

» On dira que le métayer profite, en outre, du porc qu'il

nourrit, de la volaille, des œufs et d'un peu de lait ; cela est vrai, mais il faut remarquer en même temps qu'il fait passer à la nourriture du porc et de la volaille une partie du maïs déjà compté dans le revenu ci-dessus, et qu'il supporte, pour contributions, la cote personnelle et mobilière, les prestations en nature, et, le plus souvent, une partie des frais d'assurances. »

Voici les prix de vente des diverses natures de céréales, en moyenne, depuis 10 ans :

Années.		Froment.		Maïs.		Avoine.
1866	—	20f 52	—	10f 43	—	11f 25
1865	—	18 26	—	11 35	—	11 38
1864	—	18 59	—	11 17	—	10 86
1863	—	21 20	—	11 35	—	10 28
1862	—	26 28	—	15 06	—	11 84
1861	—	26 74	—	15 22	—	12 78
1860	—	20 96	—	11 56	—	10 48
1859	—	17 15	—	10 78	—	10 90
1858	—	19 26	—	11 43	—	11 05
1857	—	27 28	—	15 04	—	10 95
1856	—	33 06	—	13 29	—	11 43

Le rendement moyen peut être évalué dans le département :

Pour le froment : de 10h 1/2 à 11.

Pour l'orge : de 18h à 19.

Pour l'avoine : de 20h.

Pour le maïs : de 20h à 22.

La production de tout le département est évaluée à environ six cent mille hectolitres, dont il faut déduire cent mille pour la semence ; il reste donc environ cinq cent mille hectolitres pour la consommation.

La production du maïs représente environ quinze cent mille hectolitres.

La culture des plantes alimentaires, telles que pommes de
terre, haricots, légumes divisés à l'infini, n'est nullement sai-
sissable, quant à l'étendue des terrains qu'elle occupe.

Les frais de culture d'un hectare de pommes de terre,
labourage, hersage, plantations, binages, arrachages, etc.,
peuvent s'élever à 50 fr., sans compter la semence et
la fumure. Ce produit peut s'élever à sept ou huit mille
kilos à l'hectare ; elles se vendent de 4 à 6 francs, suivant la qualité. Mais cette culture ne paraît pas avoir de
grandes chances de se propager chez nous. Les tuber-
cules que l'on obtient sont rarement bien farineux. La
pomme de terre est de qualité médiocre. Ceux qui en
produisent ont principalement en vue la consommation du
ménage et la nourriture des porcs à l'engrais.

Les haricots, au contraire, d'excellente qualité dans la plupart de nos terrains, sont rarement cultivés à part. On les
associe au maïs, en sorte que c'est une culture peu coûteuse.
Elle consiste dans les frais de la semence qui sont de douze
litres par hectare, et dans ceux de la récolte qui est plus
coûteuse, parce qu'elle doit se faire au fur et à mesure de
la maturité. Le produit moyen est de 4 hectolitres à l'hectare, dont le prix est soumis à d'énormes variations de 18
à 30 fr.

La culture maraichère, dont les frais ne peuvent être exac-
tement appréciés, est prospère autour de Pau. Elle a fait élever le prix de location de certaines terres de 120 à 200 fr.
l'hectare.

h Cultures industrielles.

Il n'existe à proprement parler qu'une seule culture industrielle dans le département : c'est le lin.

Elle est d'ailleurs peu importante. Sans vouloir reproduire
ici ce que j'ai dit et écrit à ce sujet, je rappellerai que c'est
la seule culture industrielle, dont le développement et le
succès puissent être rapidement assurés dans notre pays.

Les toiles de Béarn devaient leur réputation à la qualité
des fils du pays. Aujourd'hui elles se fabriquent avec des lins

venus de Bretagne, de Flandre, etc. Pourquoi ? C'est que, tandis que d'autres contrées ont pris un développement industriel considérable, nous sommes restés stationnaires et même nous avons reculé. Les procédés de rouissage et de teillage se sont perfectionnés, et le Béarn est resté dans des errements surannés. Cependant, s'il se créait ici des établissements où le cultivateur pût écouler son lin en branches, nous verrions rapidement cette production lucrative prendre de l'extension, car elle trouve un sol admirablement favorable. Ce désidératum est, nous dit-on, sur le point de s'accomplir. Nous faisons les vœux les plus sincères pour qu'il en soit ainsi.

La prospérité industrielle venant à naître chez nous, celle de l'agriculture, qui est intimement liée avec elle, s'en suivrait par la force des choses. Nous sommes timides à cet égard. Les capitaux ne vont pas volontiers à l'industrie. Nous pourrions citer des établissements auxquels il n'a manqué que des capitaux suffisants pour réussir et qui végètent. Cependant les éléments ne font pas défaut : les forces hydrauliques abondent ; la population industrielle est peut-être plus facile à former ici qu'ailleurs ; il ne manque que des capitaux assez hardis pour affronter les difficultés de l'installation. Oloron, sous ce rapport, donne un exemple bon à imiter dans d'autres branches de production que le travail de laines.

Le lin qui entrerait avec un grand avantage dans nos assolements, est une plante dont les produits sont très inégaux suivant la nature des terres, suivant la semence que l'on emploie et suivant la nature du produit que l'on veut obtenir. Je m'abstiendrai de donner des évaluations à cet égard ; elles varient du simple au double. La graine se vend de 18 à 28 fr. l'hectolitre et la filasse non peignée de 0,80 à 1 fr. le kilo.

§

L'autorisation de cultiver le tabac a été sollicitée avec instance par le Comice agricole et par le Conseil général du département. Un examen des terrains convenables a été fait par un inspecteur spécial envoyé par le ministère, qui a

déclaré que notre département était un des plus favorables
à la production du tabac. A la suite de cette enquête, l'autorisation de cultiver a été accordée.. ... au département
des Hautes-Pyrénées.

Il faut supposer que cette décision n'a pas été suffisamment
étudiée, et qu'on ne s'est occupé que d'une chose : de satisfaire un département prospère, déjà comblé des faveurs de
l'administration.

La question examinée au point de vue agricole et poli-
tique aurait amené une solution inverse.

Le département des Basses-Pyrénées, pauvre, décimé par
l'émigration, aurait eu besoin, plus que tout autre, d'être
admis à cultiver, dans de larges proportions, une plante dont
les produits sont rémunérateurs.

Plusieurs questionnaires signalent avec infiniment de raison,
que, s'il y avait plus d'aisance dans les campagnes, beaucoup
d'hommes n'iraient pas chercher au loin une carrière meilleure que celles qu'ils eussent pu trouver dans leur pays.
Nous sommes fondés à penser que cette introduction est une
mesure urgente, d'autant que les précédents de la princi-
pauté de Bedeille et des Aldudes, ont établi que le tabac
réussit très-bien dans notre sol et qu'on peut y obtenir des
qualités fines.

i Vignes.

L'étendue des terres cultivées en vignes s'élevait, il y a
quelques années, à 25 mille hectares.

Elle a dû diminuer considérablement, de grandes qualités
de vignes ayant été arrachées à cause de l'oïdium. On avait
commencé, avant l'apparition du fléau, à planter beaucoup de
folle-blanche ou pique-poule, et c'est encore ce cépage qui
se propage le plus.

Les cépages de choix ont été supprimés à cause des grands
frais de culture. Les vignes échalassées coûtent beaucoup
plus, et la valeur des produits ne balancent pas toujours le
chiffre des dépenses. Un certain nombre de cultivateurs intelligents tendent à substituer aux hautains les vignes basses
sans abandonner les espèces fines.

La culture en pique-poule est moins coûteuse, moins sujette à l'oïdium; le produit est plus abondant et la vente en général assez facile. Ces vins servent à la consommation de la classe ouvrière.

Les autres cépages cultivés sont : le crouchen, le claveria, l'arrefiat grand et petit, le dourec, le courtoisie, le malvoisie, le sauvignon, le courbut, le manseng blanc, pour les vins blancs. Pour les rouges, le tannat, le pineau ou bouchy, le mourac, le manseng noir et le moustardé.

On évalue les frais de culture pour les plants de pique-poule, non échalassés et labourés à la charrue, à 70 ou 75 fr. par hectare; pour les vignes échalassées labourées à la charrue, à 210 ou 220 fr.; pour celles qui sont travaillées à la pioche, à 240 fr.

En voici le détail :

Frais de culture du pique-poule.

Taille de la vigne.	12ᶠ
2 labours.	40
Nettoyage des allées, piochage.	12
Epamprage	10
	74

Vignes échalassées labourées à la charrue.

Liage et taille.	36ᶠ
2 labours	40
Echalas à renouveler	25
Main-d'œuvre des échalas	15
Piochage, provignage et nettoyage des allées .	22 50
Epamprage.	10
Pour relever les pampres.	3 50
Soufrages	64
	215 10

Pour les vignes travaillées à la pioche, il faut ajouter 25 fr. de plus, soit 240 fr.

Il n'est pas tenu compte, dans ces frais, des terrages, des fumures ni des frais des vendanges et de fabrication du vin ; ces dépenses sont en partie couvertes par les produits des sarments.

Les vignes de pique-poule rendent de 40 à 60 hectolitres par hectare. Les vignes échalassées de 30 à 32 hectolitres. Les vins de pique-poule se vendent environ 15 fr. l'hectolitre ; les autres peuvent atteindre 20 à 25 fr. l'hectolitre. Le placement des vins supérieurs est plus difficile qu'autrefois. Sous l'influence de l'oïdium, les consommateurs ont appris à s'approvisionner ailleurs et le marché des vins fins du Béarn est tout entier à refaire. Les quantités produites jusqu'à présent sont encore loin de justifier des mesures spéciales pour arriver à ouvrir à nos vins leurs débouchés. Mais lorsque l'usage du soufrage se sera généralisé, lorsque les quantités produites remettront de face quelques frais, il sera nécessaire de faire des efforts pour rétablir l'ancienne réputation de nos vins et pour les offrir au public. — La création d'un entrepôt et d'un marché aux vins au chef-lieu du département deviendra alors indispensable.

De plus grands soins doivent être apportés dans le travail de nos vignobles, qui sont loin de produire les quantités qu'ils peuvent donner. Des réserves de vins vieux, complètement épuisées par dix années de désastres, ont besoin d'être refaites, et, plus tard, il est vraisemblable que la culture des cépages fins reprendra faveur, car les qualités que l'on obtient à Jurançon, à Gan, à Salies, à Moncin et dans le Vicbilh, peuvent rivaliser avec les meilleurs crûs de France.

Les principes qui devraient prédominer, à cette époque, ne pourront, sans inconvénient, s'écarter des règles suivantes, que je trouve dans un mémoire intéressant, de M. de Laffitte-Lajoanenque, sur cette question, *le terrain fait le vin* :

1. Lorsque, sur un marché, l'écart qui existe entre les prix de deux qualités de vin est insensible relativement à leur valeur, si la différence de qualité est grande, la qualité inférieure ne peut se vendre que lorsque la qualité supérieure est épuisée ;

2. Lorsqu'un vin est en quantité supérieure aux besoins de

la consommation, il y a forcément baisse de prix sur cette qualité. La baisse peut s'arrêter à un prix rémunérateur et cependant absorber la consommation de la qualité inférieure, de manière à la rendre invendable.

Ce qui conduit inévitablement à ne pas s'attacher exclusivement aux produits communs.

k **Fruits.**

La production des fruits a sensiblement augmenté dans le département. Ils sont l'objet d'un commerce qui profite surtout aux petits cultivateurs et accroît l'aisance des ménages ruraux.

Dans les environs de Moncin, cette industrie a pris un développement important qui représente déjà plus de 80,000 fr. par an pour le canton.

III

CIRCULATION ET PLACEMENT DES PRODUITS AGRICOLES.

DÉBOUCHÉS.

En comparant le présent au passé, les obstacles apportés à la circulation des produits agricoles, à leur transport, à leur écoulement, à leur placement, ont été levés en grande partie. Les routes impériales, départementales et vicinales ont été améliorées, leur réseau s'est étendu. Les voies ferrées de Pau à Bordeaux et à Bayonne ont procuré de nouveaux et faciles débouchés. Si nous sommes encore dans un état d'infériorité par rapport à d'autres départements, cela tient à diverses causes que nous devons signaler.

Sous le rapport des chemins de fer, ils nous arrivent avec une lenteur déplorable. La voie sur Tarbes attend depuis longtemps un achèvement vivement réclamé. Nous n'avons pas encore bénéficié des tarifs réduits pour les transports des céréales et des engrais dont jouissent d'autres localités situées dans le département même. Des villes, telles qu'Oloron, atten-

dent un notable accroissement de leur industrie par l'établissement d'une communication avec la ligne ferrée.

Notre infériorité, sous d'autres rapports, tient à des causes
naturelles auxquelles il est difficile de parer. Le cours torren-
tiel de nos Gaves, point de rivière navigable, à l'exception de
l'Adour entre Peyrehorade et la mer ; point de canaux, par
conséquent, point de transports à bon marché.

Fermé au Midi par la barrière à peu près infranchissable des
Pyrénées, le département aurait besoin d'ouvrir des relations
suivies avec ses voisins d'Espagne. Nos efforts particuliers seraient impuissants à nous faire sortir de cet isolement. Il faut
que la volonté puissante du Gouvernement nous vienne en aide.

Nos denrées se placent dans le pays même, pour la plupart,
et y sont consommées. Autrefois, les vins s'expédiaient au
loin, en Hollande et dans le nord de l'Europe ; mais les
fraudes du commerce, en dénaturant les vins, et l'oïdium,
en réduisant la production, ont arrêté ce mouvement. Dans
certaines années abondantes, nous avons exporté de grandes
quantités de maïs vers l'Irlande. Les petits produits de la
terre, les fruits, la volaille, les œufs commencent aussi à
s'exporter ; leur renchérissement en est la conséquence.

Pour les froments, l'Espagne pourrait, dans certaines années, nous offrir un précieux marché. Mais si ses produits
sont admis, en France, avec avantage pour elle, nous trouvons
à la frontière des droits qui équivalent à une prohibition ;
nous demandons la réciprocité dans le traitement douanier.

Citons un fait en passant :

Du 1er janvier 1866 au 13 septembre, il a été importé, en
France, par le bureau d'Hendaye, 93,818 quintaux métriques
de froment, et 52,917 quintaux métriques de farine.

Les voies de communication ont facilité les échanges, nous
l'avons dit ; elles laissent à désirer encore. Mais nous espérons
beaucoup de la direction nouvelle qui leur a été donnée.

L'amélioration des chemins vicinaux sera obtenue par la
conversion des prestations en tâches, et par une augmentation de la journée de travail, fixée actuellement à un taux un
peu faible, qui n'est plus en rapport avec la valeur de la
main-d'œuvre.

§

A ce sujet, nous devons mentionner un vœu que nous avons exprimé dans l'Enquête et qui aurait, paraît-il, quelque chance d'être exaucé.

Il y a quelques années, sur un rapport du ministre de l'intérieur, constatant qu'il fallait 25 millions pour achever le réseau des chemins d'intérêt commun, l'Empereur décida qu'un crédit de cette somme serait demandé au Corps Législatif pour terminer cette série d'intéressantes communications. C'était aller au cœur des agriculteurs. Mais la pensée, bonne en elle-même, a reçu une application qui nous éloigne du résultat et le place dans un avenir bien lointain. Qu'est-il arrivé, en effet ? A la nouvelle de cette faveur, les départements se sont empressés de classer une foule de chemins d'intérêt commun qui ont rendu l'allocation insuffisante. Ajoutons qu'elle l'eût été sans cela : 25 millions étaient fort inférieurs au chiffre nécessaire. De plus, au lieu de proportionner les ressources aux besoins et de donner aux départements pauvres la facilité de se mettre au niveau de ceux qui étaient plus aisés, on a proportionné les allocations aux sacrifices faits par les départements et les communes. Le résultat, on le devine. C'est que les départements obérés, ceux qui ont peu de population et beaucoup de parcours, sont aussi distancés qu'ils l'étaient auparavant. Nous espérons que le crédit de 25 millions sera suivi d'un autre semblable, et qu'alors on rétablira la balance en faveur des déshérités.

§

Sous l'influence de l'extension de nos voies de transport, les prix des denrées, dans le département, se nivèlent avec ceux qui nous entourent. Autrefois, nous avons eu de dures alternatives à traverser; mais si on a pu, à d'autres époques, constater des différences de 11 à 23 fr. par hectolitre de froment entre nos marchés et ceux du dehors, cela ne se présentera plus aujourd'hui. Toutefois, les conditions climatériques différentes, une variabilité excessive dans les températures, nous

font passer souvent par les dangers les plus opposés pendant
la période de production d'une seule récolte. Nous sommes
exposés successivement à l'influence des pluies torrentielles
au printemps, à des sécheresses destructives en été, à des
grêles plus fréquentes que dans le Nord ; et, tandis que dans
le Nord, l'abaissement des prix était compensé par l'abondance, le Midi a subi, tout à la fois, depuis quelques années, la
réduction des récoltes et la vilité des prix.

Or, le département, à l'exception des parties qui sont situées
sur les versants des Pyrénées, où la culture pastorale domine,
est essentiellement producteur de céréales, et il est à craindre que la culture du froment y soit de moins en moins rému-
nératrice. C'est un danger sur lequel l'avenir nous éclairera.

IV

TRAITÉS DE COMMERCE

Nous ne recevons qu'une faible quantité de blés étrangers.
Ils s'introduisent d'Espagne par Bayonne, et leur influence sur
les marchés n'est sensible qu'à l'extrême frontière. Nous recevons une partie de ce qui nous manque des Landes et du
Gers, en sorte que la législation générale n'a eu qu'une action
indirecte et éloignée sur les prix de cette denrée. Comme nous
l'avons dit, le maïs s'exporte vers l'Irlande, dans les années
abondantes. Les ports de Bayonne et de Bordeaux les enlèvent
pour cette destination. Aussi, sous ce rapport, la suppression
de l'échelle mobile a été un véritable bienfait pour les Basses-
Pyrénées. Elle nous a soustrait à la fatale influence qu'exer-
çait, sur la subsistance publique et sur la production, le régime déterminé par les lois de 1821 et de 1832.

Compris dans la 1re section de la 2e classe, assujetti pour les
droits à l'entrée et à la sortie des grains aux conditions que
lui faisaient les mercuriales des marchés de Marans, de Bordeaux et de Toulouse, qui servaient de régulateurs aux contrées les plus fertiles de la France, le département subissait,
dans les mauvaises années, une aggravation des droits d'entrée sur les blés étrangers, tant que les prix des marchés

régulateurs n'avaient pas atteint la limite d'abaissement des droits. Arrivait-il que la cherté du froment coïncidât avec un bas prix du maïs, l'influence de cette association désastreuse empêchait l'exportation du produit dont le pays regorgeait, ce qui eût été un moyen d'atténuer les souffrances de l'agriculture; le maïs était assujetti, à la sortie, à la moitié du droit qui pesait sur le froment à l'exportation, lequel, dans ce cas, était fort élevé.

On a vu, par exemple, le maïs coûtant 9 fr. soumis à un droit d'exportation de 4 fr., ce qui rendait toute concurrence impossible avec les maïs d'Amérique, qu'on pouvait vendre 10 fr. en Irlande. Voilà l'entrave que la nouvelle loi sur les céréales a supprimée. L'influence de ce régime était, tout à la fois, que l'exportation était prohibée dans une année d'abondance, et l'importation impossible dans une année de disette.

(Voir : *Études sur la question des subsistances, dans ses rapports économiques avec l'agriculture de l'arrondissement de Pau,* par le baron de Laussat, 1847).

Il nous semble avéré que le maïs est un produit indispensable au pays. C'est son introduction au XVIIe siècle qui a fait cesser les famines qui le désolaient autrefois. Excellente préparation pour la terre, plante sarclée supportant de grandes fumures, c'est à la fois un élément indispensable de la nourriture des animaux de toute espèce et la base de la nourriture des cultivateurs. C'est, de plus, un excellent moyen d'engraissement. C'est à son emploi dans la nourriture des porcs que les jambons de Bayonne doivent leur réputation, nos volailles et nos viandes leurs qualités supérieures. Dans une année comme celle que nous traversons (1866), le maïs comble le déficit de la récolte du froment. Si donc on peut penser que la culture peut être réduite dans une certaine proportion, parce que son usage comme alimentation du peuple, diminue dans les villes, on ne peut ni espérer ni désirer qu'elle disparaisse de nos assolements. La cherté de la main-d'œuvre pourra la restreindre; mais l'emploi des machines, mucs par les animaux, peut aussi la réduire à des limites qui laissent une marge suffisante au bénéfice des cultivateurs.

Cette culture n'a pas dit son dernier mot. L'extraction de l'huile que renferme le germe, celle de l'alcool, l'emploi des résidus à la nourriture et à l'engraissement des animaux, lui ouvrent une perspective de débouchés nouveaux.

Si la liberté du commerce a peu profité à nos blés, si elle a été utile à nos maïs, quel régime convient-il d'appliquer aux premiers, sous le rapport de l'introduction des blés étrangers?

Laissons parler la Société d'agriculture de Pau, les Comices agricoles de Pau et d'Orthez qui se sont rencontrés dans l'expression de la même pensée.

Extrait du questionnaire de la Société d'agriculture de Pau.

« Il est inconstestable que l'agriculture fait la force et la richesse de la France, et a droit à sa protection. Une foule d'industries, telles que celle des tissus de Lyon, celle des filés de coton, etc., ont conservé sur leurs produits un droit protecteur qui s'élève à 10 p. 0/0 et plus de leur valeur. Pourquoi l'agriculture se trouve-t-elle placée dans une situation plus défavorable, ou, pour mieux dire, pourquoi les blés étrangers ne seraient-ils pas frappés, à l'entrée, d'un droit de 2 fr. par quintal métrique? Le droit de 0 fr. 50 par quintal métrique est-il suffisant, nous dirons même équitable, en ce sens qu'il n'est même pas l'équivalent de l'impôt dont notre sol est grevé? Et, d'un autre côté, nos terres, notre climat, notre constitution libre et démocratique, avec la cherté de la main-d'œuvre et la pénurie de bras, toujours croissante, permettent-ils de lutter, pour le rendement et le bas prix de production, avec les Etats à constitution antique, dans lesquels la civilisation n'a point pénétré encore, comme la Russie et l'Egypte, dans lesquels le prix de la main-d'œuvre est nul pour ainsi dire, et où les dépenses et les besoins de la vie sont si minimes? Abolition de l'échelle mobile, main-

5

tien de la loi de 1861, mais avec un droit de 2 fr. à l'entrée par quintal métrique pour les blés étrangers, tels sont nos vœux.

» Nous sommes libre-échangistes, mais ce système doit subir quelques exceptions. Il n'est pas un Etat qui le pratique d'une manière absolue; cela résulte pour la France de ce que nous venons de dire des tissus de Lyon, et l'Angleterre qu'on se plaît souvent à citer comme libre-échangiste par excellence, retire néanmoins plus de 600 millions par an du revenu de ses douanes. Le vin, ce produit presque exclusivement français, y paie à l'entrée un droit exorbitant de 0,25 c. par litre, et la Suisse aussi, pays libre-échangiste, frappe les blés d'un droit minime, il est vrai, à l'importation, mais grève nos vins à l'entrée, d'un droit de 4 fr. 90 l'hectolitre. Si une industrie mérite d'être protégée, encouragée, c'est assurément l'agriculture; elle souffre, et c'est en France la profession de 26 millions de citoyens. »

Voici, d'autre part, ce que je disais le 19 février dernier (avant l'Enquête), à la Société d'agriculture :

« Le prix peu élevé, peu rémunérateur du froment de 1864 et 1865, c'est-à-dire, dans les deux premières années qui ont suivi la suppression de l'échelle mobile, atteint douloureusement nos producteurs. Le prix moyen du froment en France, pendant ces deux dernières années, n'a été que de 16 fr. Cette baisse concurrente avec celle du prix des vins, a jeté une véritable perturbation dans les départements méridionaux plus spécialement adonnés à ces deux cultures.

» L'échelle mobile, quand elle était encore appliquée à nos frontières, ne permettait l'introduction des céréales étrangères et particulièrement celles de la Russie méridionale, qu'à la charge par elles de supporter un droit d'entrée variable avec les prix de l'intérieur, c'est-à-dire, que, quand les prix s'élevaient beaucoup, la porte s'entr'ouvait un peu plus, quand, au contraire, ils s'abaissaient, l'entrée était toutà-fait interdite. Incompatible avec les idées de libre échange qui ont prévalu dans les Conseils du gouvernement, ce système a dû disparaître pour faire place à un droit fixe de 0,50 par quintal métrique, droit insignifiant et équivalent

à un droit de balance. Encore ce droit d'entrée n'est-il que
nominal ; car tout blé importé en France pour être réex-
porté à l'état de farine, est admis en franchise ; et comme
il sort beaucoup plus de farines qu'il n'entre de blé, le droit
d'entrée n'existe plus. En effet, les blés qui entrent par
Marseille, qu'ils aillent ou non à la consommation publique,
acquittent le droit. Mais les négociants trafiquent de leurs
acquits à caution en faveur des exportateurs de blés indi-
gènes par les ports du Nord, et retrouvent ainsi les 0,50
qu'ils ont dû verser au Trésor.

» Le Gouvernement favorise cette manière d'agir parce
qu'elle est profitable à la meunerie française. Nos farines, en
effet, ont une supériorité qui les fait rechercher en Angleterre pour la boulangerie de luxe, tandis qu'elle rejetterait
certainement les farines moins bonnes que l'on obtient avec
les blés d'Odessa.

» Il en résulte que plusieurs sociétés agricoles, justement
émues de la situation de l'agriculture, s'attaquent les unes
à la loi de 1861, qu'elles considèrent comme la cause de
ses souffrances, les autres, s'attaquent surtout à la faiblesse
du droit d'entrée et au commerce des acquits à caution.
La loi du libre-échange, destinée à prendre place, tôt ou
tard, dans la pratique économique des peuples civilisés,
est entrée chez nous par une irruption un peu brusque.
C'est un fait acquis contre lequel il n'y a plus à revenir,
lors même que l'on penserait qu'il eût été plus avantageux
pour le pays, qu'on procédât par des abaissements successifs d'un droit fixe jusqu'à la limite qui peut assurer au
commerce sa libre action, et au producteur ses débouchés.
Il faut donc se retourner d'un autre côté et demander que
le droit d'entrée sur les froments étrangers ne soit pas fictif,
et, en outre, qu'il soit proportionné aux charges et aux impôts que supporte la production indigène. Un droit de 1 fr. 50
à 2 fr. par quintal n'apporterait aucune entrave sérieuse à
l'importation. Il ne serait que juste de faire supporter au
blé étranger sa part de nos routes, de nos chemins de fer,
de la sécurité que la France assure à la libre circulation
et à la sûreté des relations commerciales. L'impôt sur la

production indigène représente à peu près 5 0/0 de la valeur du blé. Le droit d'entrée pourrait être fixé sur cette base. »

Je ne veux pas reproduire ici la discussion dont cette proposition a été l'objet dans le sein de la Commission d'enquête. Je ne puis oublier que je parle pour mon compte et non pour elle. Je puis dire, toutefois, que le principe du droit d'entrée, combattu par des motifs économiques, a été accepté par d'autres considérations que celles qui précèdent. On a pensé qu'en présence d'une réclamation qui s'élève de toutes parts, il serait impolitique, de la part du Gouvernement, de ne pas céder au vœu général ; sauf à revenir sur la mesure, après expérience faite.

Au surplus, le libre-échange n'a jusqu'ici rien apporté à l'agriculture, si ce n'est l'abaissement du prix des céréales. Ailleurs, les fers ont baissé ; ici, nous n'avons pas encore éprouvé d'amélioration sous ce rapport ; et puis, qu'est-ce que l'agriculture consomme de fer? 100 fr. par an dans une ferme de 60 hectares à peu près. Quand nous gagnerions bien 10 ou 20 p. 100, quel profit en résulterait-il, pour nous, comparé à un bénéfice de 5 ou 10 p. 100 sur une récolte de 80 hectolitres de blé?

Or, 10 p. 100, c'est le chiffre minimum de protection accordé à nos produits industriels. Nous réclamons la même protection pour l'agriculture, qui est la vie de 70 Français sur 100· **Est-ce trop ?**

V

RÉFORMES FISCALES.

Viennent maintenant les réformes qui seraient à introduire dans nos lois générales, dans nos lois fiscales, et, enfin, toutes les mesures d'autre sorte propres à améliorer la situation agricole.

Nous extrayons des questionnaires présentés par les agriculteurs du pays, les indications suivantes :

Par les cultivateurs du canton de Garlin.

« Le Code de procédure civile nous semble exiger de profondes modifications, pour alléger, autant que possible, ce qu'on appelle justement *l'impôt du procès,* qui n'est pas le moins lourd de nos impôts. La simplification des formes et l'abréviation des délais sont réclamés depuis longtemps, ainsi que l'abrogation de l'article 742, introduit récemment dans le Code de procédure, et qui oblige les parties, malgré leur volonté formellement exprimée, de suivre la longue et immense série de ces formes et de ces délais. Une commission a été nommée, depuis quatre ans, par M. le Garde-des-Sceaux pour étudier ces réformes si désirables. Nous ne connaissons pas encore son travail : il est attendu avec d'autant plus d'impatience qu'il se rattache intimement à la grande question du Crédit hypothécaire et foncier dont la solution doit exercer une si grande influence sur le sort de l'agriculture. »

Par M. Vasserot, juge de paix à Bayonne.

« Tous les esprits se préoccupent des résultats produits par la loi sur les successions telle qu'elle est réglée par le Code Napoléon. Il est certain que ce système conduit à l'indivision infinie de la propriété, et, au plus favorable, la fait changer de mains dans une période de temps relativement très courte. Ce sont là des faits également nuisibles à l'agriculture. Nous en avons vu de nombreux exemples ; nous n'en citerons qu'un seul. Il y a quelques années, il existait dans un canton voisin une propriété assez importante pour le pays, et valant environ 300,000 fr. Elle se composait d'une maison de maître et de quinze métairies. Le propriétaire est mort laissant deux fils. L'un a eu le château et sept métairies ; l'autre a eu huit métairies. Ainsi, au lieu d'un domaine considérable, on en a deux de médiocre importance. Or, l'un des frères a sept enfants et l'autre cinq. On se demande quelle sera l'importance du lot attribué à chacun de ces enfants, à la mort de leur père. Ainsi, dès la troisième génération, une propriété se trouve divisée à l'infini. Comment peut-on faire de la grande culture et tenter des améliorations, dans des conditions aussi précaires ?

» Est-ce à dire qu'il faille revenir au droit d'aînesse, aux majorats et aux anciennes institutions féodales, pour abolir les notions de l'égalité des partages, qui forment aujourd'hui les bases de notre droit moderne et dont pas un seul père de famille ne consentirait à se départir ? Nous sommes bien loin de le penser ; nous nous contentons de signaler un fait incontestable. »

Par M. Iturbide, de Bayonne.

Examinant quels sont, dans la législation, les points susceptibles de modifications utiles à l'agriculture, M. Iturbide s'exprime ainsi :

« Il est une question qui en résume beaucoup d'autres, parce qu'elle les domine : c'est le morcellement forcé, de par la loi, de la terre.

Les premiers effets du partage de la terre, tel que l'ordonne notre législation actuelle, furent séduisants. Ce fut une mine féconde pour le fisc; les mutations perpétuelles et forcées produisirent des sommes qui auraient paru fabuleuses à nos aïeux.

Cinquante à soixante ans se sont écoulés depuis que ce système fonctionne, c'est-à-dire qu'il ne fait que débuter. (Car que sont cinquante à soixante ans dans la vie d'une nation ?) A-t-il tenu tout ce qu'on en attendait sous le double rapport :

De la prospérité et du perfectionnement de l'agriculture ;

Du bien-être des cultivateurs en particulier, et de la force de la nation en général ?

Nous ne le croyons pas.

Sous le rapport de la prospérité et du perfectionnement de l'agriculture :

On varie beaucoup sur les produits totaux agricoles de la France ancienne et de la France moderne, chacun argumente dans le sens du système qu'il défend, et il est difficile pour l'homme impartial de savoir au juste ce qui en est ; mais il est quelques faits qui paraissent incontestables :

1° C'est que le produit moyen d'un hectare dans les terres non soumises à une culture perfectionnée (celles-ci forment une très-petite exception) est à peu près le même qu'il y a cinquante et soixante ans, et qu'il est, en général, misérable ;

2º C'est qu'ailleurs, et en Angleterre surtout, pays moins favorisé que le nôtre, quant au climat, ce rendement moyen a considérablement augmenté depuis cinquante à soixante ans et qu'il y augmente tous les jours, même depuis la suppression des corn-laws et la réforme de sir Robert Peel ;

3º C'est que les sciences (principalement la chimie et la mécanique) étant venues au secours de l'agriculture, ce secours a produit peu de choses en France, et a produit beaucoup en Angleterre ;

4º C'est que cette différence de l'influence des sciences ne se reproduit point, en ce qui a rapport à l'industrie et à la fabrication, et que la France, quoiqu'entrée plus tard que l'Angleterre dans ces deux dernières carrières, y a progressé autant et plus qu'elle dans les derniers cinquante ans (depuis la paix), et y progresse, tous les jours, à pas de géant ;

5º Que ce n'est donc pas à une infériorité d'intelligence et d'amour du travail qu'il faut attribuer l'infériorité agricole de la France ;

6º Que, dès-lors, c'est ailleurs qu'il faut trouver la cause de cette infériorité manifeste.

Beaucoup d'hommes pratiques ne balancent pas à la trouver dans notre législation.

La propriété territoriale a besoin, plus qu'une entreprise industrielle, d'avenir ; ses progrès sont lents, les résultats n'arrivent pas de suite.

Cet avenir manque à la propriété territoriale en France.

On recommande aux agriculteurs les longs baux, des baux de trente ans ; mais trente ans sont un siècle en France, et en trente ans, la propriété a, terme moyen, changé une ou deux fois de maître.

Tout propriétaire qui réfléchit un peu ne peut se dissimuler que lui, ou sa famille, ne l'est que pour un petit nombre d'années ; que sa mort amènera un partage entre ses enfants ; ce partage, une vente ; cette liquidation forcée arrivera dans un moment non prévu ; elle devra avoir lieu, dans beaucoup de cas, aux enchères publiques, avec toutes les formalités judiciaires et les frais qu'elles entraînent. Il pense à tout cela, il le voit imminent, il en voit autour de lui des exemples journaliers, et il ne peut douter que le tour de sa propriété arrivera bientôt. Dès-lors, l'homme prudent ne se considère que comme usufruitier. Sachant que sa propriété doit rentrer bientôt dans la circulation, il se borne à en tirer, au jour le jour, tout le produit possible et recule, avec raison, devant toute dépense qui ne doit porter son fruit que dans un temps tant soit peu éloigné. Il doit craindre que des engagements trop longs, équivalents à une sorte d'aliénation, ne nuisent à la vente, que ses enfants devront forcément opérer; il n'ignore pas que tout propriétaire nouveau aime à jouir et disposer librement de son bien: cela l'empêche de consentir un long bail.

Rêver un long bail est une véritable utopie en France, ce serait presque un non sens : la terre n'y est plus *immeuble* que fictivement et de nom réellement; elle est devenue *meuble*, et comme telle, elle doit être maniable, vendable à tout instant, prête à changer de conditions comme elle change de maîtres. Il paraît raisonnable de dire que nul ne peut donner que ce qu'il a; or, comment un propriétaire qui ne l'est, qui ne le sera évidemment que pour 10 à 15 ans, peut-il consentir un bail pour 30 ans? Légalement, il le peut sans doute, mais raisonnablement, pratiquement, il ne le peut, il ne le doit pas, et il ne le fait pas.

Jusqu'ici on a raisonné dans l'hypothèse que le partage amène la vente; mais s'il ne l'amène pas, si chaque part-prenant garde sa part en nature, le mal, dans la généralité des cas, est bien autrement grave. Le partage a lieu; une propriété qui, dans les temps passés, a été formée à grand'peine et sans doute après beaucoup d'années d'attente et de patience par un même individu, ou ses héritiers qui ont suivi l'exécution de sa pensée, une propriété bien agencée et équilibrée dans sa composition, se trouve morcelée et le plus souvent de la manière la plus déplorable. A l'un échoient des bois, à l'autre des prairies, à un troisième des terres labourables, à un quatrième des terres en friche ou landes. Il est facile de voir ce qui résulte d'un pareil état de choses. Le propriétaire du bois les abat pour se faire de l'argent, et ne replante pas; celui des terres labourables, les laboure et leur

demande du grain jusqu'à extinction ; tous empruntent, soit
pour bâtir et se loger , soit pour se pourvoir du matériel
nécessaire, soit pour défricher. Comment bâtiront-ils ? Comment surtout laboureront-ils et défricheront-ils ? Mal.

Comment, en effet, peut-on raisonnablement penser qu'un
malheureux propriétaire de un, deux ou trois hectares de
terre, et bien souvent de beaucoup moins, va pouvoir se
livrer aux améliorations, recourir aux systèmes perfectionnés,
aux assolements reconnus les meilleurs, aux machines qui, à
la longue, produisent de l'économie, mais qui commencent
par coûter beaucoup ? En vain lui crie-t-on qu'il faut des fourrages artificiels, beaucoup de bestiaux pour avoir beaucoup
d'engrais, que c'est là le moyen d'avoir beaucoup de grain ;
le malheureux n'a pas le temps d'attendre et de parcourir le
long circuit qu'on lui indique pour arriver plus sûrement au
but ; il est dans la nécessité de se procurer de suite du pain,
cinq hectolitres annuels par exemple, lui sont plus nécessaires
que quinze tous les deux ans ; et quant au drainage, aux irrigations, aux instruments perfectionnés et aux machines surtout, c'est une véritable dérision et presque une insulte que
de lui en parler, puisqu'il est dans l'impossibilité radicale de
se les procurer, ou de les mettre en pratique. »

Par M. Félix Labrouche, de Bayonne.

« On arriverait probablement à créer aux propriétaires
ruraux des facilités égales, presque comparables à celles dont
jouissent les commerçants, si, après avoir organisé une succur-
sale du Crédit Foncier par département, cette institution,
dût-elle même être aidée en ceci par l'Etat, pouvait fournir aux
emprunteurs des bons rapportant 3 fr. 65 d'intérêt par an,
soit 0 fr. 01 c. d'intérêt par jour. Le régime hypothécaire
actuel par l'intervention du notariat ruine la propriété rurale.
Le meilleur moyen de l'annihiler promptement au grand profit des détenteurs du sol, serait de fournir à ceux-ci des valeurs de cette nature, combinaison qui permettrait à chaque
propriétaire d'avoir ainsi, dans son portefeuille, une portion
de sa fortune mobilisée. Le Crédit Foncier, en prêtant, ferait

souscrire une obligation assez forte, pour, qu'indépendamment des bons livrés aux emprunteurs, cette institution conservât, par devers elle, une garantie suffisante pour pouvoir payer, pendant cinq ans, limite extrême de la valeur des bons, les intérêts de 3 fr. 65 c. au porteur de ces titres.

» De cette façon, l'emprunteur diminuerait ou augmenterait le chiffre de sa dette, en émettant ou retirant ses bons, tout cela sans actes, sans frais, sans embarras, la Banque de France lui prêtant même sur dépôt de bons du Crédit Foncier, comme elle prête sur dépôt de bons du Trésor. »

Par M. Lebrun, maire de St-Jean-Pied-de-Port.

« La culture du tabac devrait être autorisée pour nos contrées; elle augmenterait le rendement de la propriété, permettrait au cultivateur d'élever le prix de la journée de l'ouvrier qu'il emploierait dans sa ferme, et on porterait ainsi un coup radical à l'émigration ; car il répugne à l'homme qui trouve facilement les moyens d'existence pour lui et sa famille de s'expatrier ; je sais, par des entretiens que j'ai eus avec différents employés de la régie, que la culture de cette plante réussit parfaitement dans nos contrées ; les plantations clandestines qu'ils ont souvent découvertes à la haute montagne étaient admirables de végétation, et celles qui avaient lieu dans le pays Quint, avant la délimitation de nos frontières, entre la vallée des Aldudes et de Bastan (Espagne), ne laissaient rien à désirer sous le rapport de la quantité et de la qualité. Tous ceux qui pouvaient se livrer à cette culture vivaient dans une grande aisance ; mais aussitôt que la délimitation a mis fin à ces habitudes si fructueuses, l'émigration a commencé sur une grande échelle dans ces vallées.

» La consommation du tabac étant devenue depuis quelques années d'un usage général en France, on pourrait, je crois, autoriser cette culture dans nos contrées, sans crainte de nuire aux départements qui jouissent de ce monopole : telle est l'opinion générale. »

Par la chambre consultative d'Oloron.

« Notre législation civile nous paraît devoir être respectée dans ses principes essentiels, alors même qu'elle porterait quelque entrave au progrès de l'agriculture, tel que quelques économistes le rêvent, sauf à combattre ou à atténuer ces entraves par les moyens qui sont en notre pouvoir. Mais ce respect ne va pas jusqu'à maintenir des formes qui peuvent être modifiées, sans nuire aux bases du Code civil. Ainsi, en maintenant les lois sur les successions, on peut abroger et simplifier les formes du partage. Dans l'état actuel des choses, un héritage valant 1,500 fr. exige autant d'actes de procédure et par conséquent autant de frais qu'un héritage de 100,000 fr. Cette énormité de frais absorbe la presque totalité des biens. En Belgique, on a obvié à cet inconvénient en laissant à une juridiction plus expéditive et moins coûteuse, celle des juges de paix, le partage des successions qui ne dépassent pas un certain chiffre. La même mesure semblerait devoir être adoptée, quand même des mineurs seraient intéressés dans les successions. La protection due aux incapables ne doit pas aller jusqu'à les ruiner. »

Par le Comice agricole d'Orthez.

« Diminution des droits perçus par les contributions indirectes, notamment sur la vente des vins en détail.

1 hectolitre de vin valant 20 fr., nous supposons, paie pour les ventes en détail, à Orthez, où les tarifs d'octroi sont peu élevés :

15 p. °/₀ et double décime.	3 fr. 60
Octroi	0 55
Entrée	0 36
Expédition.	0 25
Timbre.	0 20
Total	4 fr. 96

» C'est-à-dire à peu près le quart de la valeur.

» Si donc un hectare de vigne produit en moyenne 30 hecto-litres, le fisc perçoit d'abord 148 fr. 80, plus l'impôt foncier de terres de première classe ; ajoutez à ces chiffres les frais de culture et accessoires, le propriétaire succombe, et l'ouvrier des champs, qui ne s'approvisionne qu'au détail, parce que ses moyens ne lui permettent pas d'agir autrement, paie à un prix très élevé relativement un produit dont la consomma-tion lui est indispensable, afin de réparer ses forces affaiblies par le travail.

» Si les droits successifs perçus par les contributions indi-rectes étaient sensiblement diminués, le dégrèvement qui pourrait se partager entre le producteur et le consommateur serait un immense avantage pour tous.

» Il serait également plus équitable de percevoir les droits sur les vins *ad valorem.* »

Par les cultivateurs du canton de Garlin.

« Les droits de mutation paraissent exagérés. Cette exagéra-tion est nuisible au Trésor lui-même ; on s'ingénie partout, à l'aide de simulations et de fraude, à éviter ou à diminuer les droits du fisc. Il en résulte de nombreux litiges entre les inté-ressés et avec le fisc lui-même. Des droits plus équitablement calculés ne diminueraient pas ses recettes.

» Il est surtout, dans la loi de l'an VII sur l'enregistrement, une disposition qui doit attirer l'attention sérieuse du légis-lateur : c'est celle qui interdit, pour le calcul des droits, *de déduire les charges* de la valeur du patrimoine héréditaire, valeur souvent absorbée par ces charges, ce qui impose à l'héritier l'obligation d'acquitter le droit total de mutation, comme si le patrimoine était libre ; cette disposition nous paraît aussi contraire à la justice qu'à la vérité ; elle dépare nos lois :

» 1° Nous voudrions voir abaisser le taux de l'exonération militaire pour que les familles riches ne soient pas les seules à profiter de cet avantage ;

» 2° Les loteries nous paraissent trop facilement autorisées ; leur nombre augmente tous les jours ; elles viennent tenter dans nos contrées les personnes les moins aisées, et cela contre l'esprit de la loi sur l'abolition des loteries, loi qui semble abrogée, de fait, quand on lit les annonces multipliées des journaux. Autant vaudrait l'abroger formellement, car les nombreuses loteries particulières qui viennent se substituer à l'ancienne loterie officielle présentent assurément moins de garanties d'exécution et de loyauté. Mais nous sommes loin, malgré cela, de demander le rétablissement de la loterie ! qu'elle reste abolie sous toutes les formes ; ce jeu, comme tous les autres, ne saurait être favorable à la moralité et au bien-être des populations. »

Par la chambre consultative d'agriculture de l'arrondissement de Pau.

« Dans la législation fiscale, tout paraît dirigé contre l'agriculture. Presque tout est à réformer.

» Veut-on acheter ? On doit payer 7 p. 0/0 au fisc. De plus, il faut faire transcrire, moyennant un droit à peu près fixe, prendre un état des inscriptions, retirer une grosse payée à tant la page et désintéresser le notaire ; les frais s'élèvent en tout à 9 p. 0/0, à plus si l'achat est au-dessous de 1,000 fr.

» Ne peut-on pas payer comptant ? Droits d'enregistrement pour la quittance, honoraires du notaire, c'est encore 2 p. 0/0 à payer.

» Les revenus des immeubles ruraux ne s'élèvent pas à 2 p. 0/0. Celui qui achète perd, par conséquent, deux ou trois années de revenu.

» Un partage est fait ; s'il n'y a pas de soulte, il n'y a qu'un droit fixe à payer. Sur les soultes, sur la vente d'une portion d'immeuble par un héritier à son co-héritier, le droit d'enregistrement de 7 p. 0/0 est perçu, comme pour les ventes, si l'indivision ne cesse pas pour tous les co-héritiers. Cependant, le grand intérêt de l'agriculture *serait de conserver les domaines en entier sans les morceler.*

» Un père marie sa fille, il lui constitue en dot une somme d'argent qu'il n'a pas pour le moment, et que, par conséquent, il ne paie pas. Il doit au fisc 4 p. 0/0 ; cependant, sa fille, si elle avait recueilli cette somme dans la succession, n'aurait dû que 1 p. %. Est-il bien que celui qui se dépouille pour établir son enfant doive plus que l'égoïste qui garde tout jusqu'à sa mort ?

» Ce n'est pas tout. Le père meurt sans s'être libéré ; la somme qu'il a promise, pour laquelle il a payé 4 p. %, sera du moins déduite de sa succession ; elle ne devra pas payer un nouveau droit. Il n'en est rien. On percevra le droit de succession comme si aucune promesse n'avait été faite.

» Les droits de succession sont aussi trop élevés et on les paie deux fois. Supposons une dot de 4,000 fr. ; le père meurt, les enfants paient les droits de succession sur la totalité de de l'immeuble laissé par le père et sur lequel la dot repose. L'un d'eux achète-t-il la portion d'un autre ? On augmente, pour la perception du droit de vente, le prix à payer de la portion de la dot correspondant à cette part. Cela n'empêche pas, qu'à la mort de la mère, il ne faille de nouveau payer les droits de succession sur les 4,000 fr. de dot. Ainsi, le pauvre est plus frappé que le riche. Celui qui a conservé intacte la dot de sa femme, qui l'a placée en dehors de son bien, n'imposera à ses héritiers qu'un paiement sur ses biens personnels. Celui qui aura été obligé de la dépenser sur sa propriété paiera un double droit. »

Par M André Dervieu, à Urt.

» Les droits de mutation se trouvent dans la plupart des cas tellement exagérés, qu'ils se convertissent en ruine pour les familles, et en complète déception pour l'acquéreur, en y ajoutant les frais énormes des procédures judiciaires.

» Ainsi, un frère, mort en 1863, ayant laissé à l'un de ses collatéraux la jouissance et aux autres la nue-propriété de son bien, il a été payé au fisc . . . . 6 fr. 50 p. 0/0.

   Dixième . . . . » 62 1/2

   Vingtième . . . . » 31 1/4

     Pour 0/0. . . . . . 7 fr. 43 75

	Report.	7 fr. 43	75
La jouissance.		3 71	87
		11 fr. 15	62

L'an 1866, le jouissant décédé a institué
les mêmes conditions au profit de ses frères,
encore une fois. 11   15   62

| | Pour 0/0. . . . . | 22 fr. 31 | 24 |

» Soit avec les frais bien près de 30 p. 0/0 arrachés par le fisc
et la législation judiciaire sur le plus clair d'une valeur vénale
immobilière. Mais, véritable exaction légale, un immeuble a
été acquis au tribunal le 9 novembre 1865. — Son paiement
n'ayant pu être effectué, il faut payer double droit sur les
inscriptions hypothécaires, dont le montant est destiné à cette
libération.

» Les mêmes exigences fiscales subsistant à l'égard d'un immeuble grevé d'inscriptions hypothécaires, lors de la mutation, les héritiers sont contraints de payer les droits sur la
totalité de la valeur vénale de l'immeuble, quand même il
n'en acquièrent, en réalité, que le tiers ou la moitié. De sem-
blables anticipations fiscales énervent surtout la propriété
rurale, plus particulièrement obérée. »

Par M. Vasserot, juge de paix à Bayonne.

« Le remaniement de la loi de frimaire an VII et la diminution, dans une très grande proportion, des droits de mutation
prélevés sur les propriétés, ainsi que des droits d'enregistrement qui frappent un grand nombre d'actes paraissent indispensables.

» On admettra qu'il y a une corrélation nécessaire entre les
progrès de l'agriculture et la situation financière des propriétaires. Si ceux-ci sont dans une bonne position, ils peuvent
améliorer leurs propriétés, et, par conséquent, augmenter la
production générale. Si, au contraire, ils sont dans la gène, ils
laissent forcément dépérir leur propriété. Or, nous ne crai-

gnons pas d'affirmer que si la très grande majorité des propriétaires moyens et des petits propriétaires se trouvent en-
dettés, on doit principalement l'attribuer à l'élévation des
droits de succession et autres, et c'est le plus ordinairement
le point de départ de leur ruine.

» En premier lieu, la loi précitée consacre un principe ini-
que, en permettant de prélever les droits sur la valeur nomi-
nale de la propriété, sans faire la déduction des dettes. Ainsi,
on hérite d'une propriété valant 100,000 fr. et grevée de
90,000 fr. d'hypothèques. Il n'y a, en réalité, que 10,000 fr.
pour les héritiers, et cependant ils paient les droits de succession sur 100,000 fr.

» Qu'on hérite d'une propriété grevée d'usufruit, le nu-
propriétaire devra immédiatement payer les droits, même
emprunter s'il n'a pas d'argent disponible, et cependant, il
pourra n'entrer en jouissance que dans trente ans.

» Que le fils aîné désire conserver le bien paternel, il devra
payer en argent, à ses co-héritiers, la part qui leur revient.
Mais le fisc intervient pour prélever un droit de soulte, sans
compter les droits de succession. Que le fils aîné ait emprunté
sur hypothèque pour se faire procurer les fonds nécessaires
au paiement de ces soultes, il devra encore payer un droit
d'obligation, les frais du contrat et les intérêts à 5 p. 0/0,
quand sa propriété lui rapporte à peine 3 p. 0/0.

» N'y a-t-il pas là un état de choses très fâcheux ? »

*Par M. D*****

« Pour faire bien comprendre jusqu'à quel point l'impôt
direct est souvent excessif, je citerai un exemple qui me concerne personnellement.

» Je possède une métairie attribuée à ma femme dans un
partage de famille pour une valeur de 22,300 fr. Ayant dû
reconstruire la maison du métayer et augmenter quelque peu
les bâtiments d'exploitation, elle me revient, plus de 25,000 fr.
Son revenu cadastral est porté à 458 fr. 09 c., et je paie ainsi
82 fr. 50 c. d'impôts directs chaque année. Elle me donne,
année ordinaire, de 6 à 700 fr. de revenu.

Or, sur cette propriété, j'ai dû conserver un capital de 10,000 fr. pour lequel je paie 500 fr. d'intérêts. Ajoutez les 82 fr. 50 c. d'impôts, les frais d'assurances contre l'incendie et contre la grêle, les dépenses d'entretien et de surveillance, et vous verrez qu'il ne me reste pas un centime de revenu pour le capital liquide de 15,000 fr. que la propriété me représente, et cependant je paie l'impôt sur tout le revenu.

» Il y a plus : je paie cet impôt tous les ans comme si le revenu était toujours le même ; et cette année, notamment, je n'ai eu en froment que la moitié d'une récolte ordinaire. »

Par M. Dubois, notaire à Orthez.

« La propriété rurale est désertée en même temps par l'exploitant, par le travailleur et par les capitaux.

» Par l'exploitant, parce qu'il n'y trouve pas des produits rémunérateurs.

» Par le travailleur, parce qu'il trouve dans d'autres conditions des salaires plus avantageux.

» Par les capitaux, parce qu'ils trouvent ailleurs de nombreux emplois avec des revenus plus forts et beaucoup moins de charges.

» La propriété rurale a besoin d'être protégée d'une manière efficace pour éviter sa ruine complète, car sa ruine serait celle de la France, puisque les 3/4 environ des Français sont attachés à l'exploitation du sol.

» En quoi devra consister cette protection ?

» D'abord, il ne faudrait pas confondre deux choses essentiellement distinctes : *la division* de la propriété, principe évidemment protecteur, qui, répartissant la propriété dans les mains d'un plus grand nombre, crée des éléments de stabilité dans le pays et le *morcellement* de la propriété ; cet obstacle matériel à la culture qui, selon l'expression de M. François de Neufchâteau, froisse l'agriculture à ce point qu'elle ne peut pas plus grandir qu'un enfant qu'on garroterait au berceau avec des liens de fer.

» Pour remédier au morcellement, il faudrait faciliter les échanges.

» Les principes de la division de la propriété étant maintenus, il faudrait, pour ramener vers le sol les hommes et les capitaux, le dégrever sensiblement, dégrever ses produits des impôts qui n'ont cessé de s'accroître depuis l'époque où la propriété immobilière formait à peu près toute la richesse de la nation. Et cependant, il existe aujourd'hui tant de valeurs qui composent les principales fortunes et qui ne participent aux charges communes que dans une très-faible proportion.

» La propriété rurale supporte d'abord l'impôt direct; il est dans ces contrées, de plus du 8ᵉ du revenu réel. Mais il supporte encore en vertu des lois sur le timbre et l'enregistrement, des droits qui viennent à chaque instant ébranler le capital, de manière à le faire passer quelquefois, dans un bien petit nombre d'années, dans les caisses de l'Etat.

» Comment espérer que l'agriculture s'améliore dans cet état de choses ?.. »

Après avoir exposé que les capitaux de la campagne vont au Crédit mobilier, M. Dubois ajoute :

« A d'autres époques, ces mêmes capitaux auraient servi à acheter des terres et il n'en manque pas à vendre; mais aujourd'hui le paysan se détache de la terre ; il en est désabusé; tandis qu'autrefois, il empruntait pour acquérir, plutôt que de réduire son patrimoine; aujourd'hui il vend, quand il le peut, pour se libérer, s'il a des dettes, et même pour constituer une dot à un de ses enfants.......

» En un mot, les affaires se retirent de plus en plus de l'agriculture ; elle est de plus en plus délaissée.

» Je nie en général l'existence de l'épargne purement agricole....... Depuis quinze ans que j'exerce, j'ai vu les emprunts hypothécaires diminuer en même temps que le sol était déserté. Les emprunts, faits devant moi, ont eu pour objet de réparer des pertes ou de suppléer à des insuffisances de revenus. »

Par les cultivateurs du canton de Garlin.

« Nous avons déjà émis le vœu et nous le renouvelons ici

de voir abaisser ou effacer les droits d'entrée sur les engrais étrangers, et de soumettre les engrais de notre pays à une surveillance sévère, qui prévienne les falsifications et les tromperies. Celles qui ont déjà eu lieu, ont découragé la confiance de nos agriculteurs. »

Par M. Félix Labrouche, de Bayonne.

» Instruction pratique extrèmement répandue par tous les moyens possibles. Crédit facile, secours gouvernementaux supérieurs plutòt qu'égaux à ceux que reçoit l'agriculture en Angleterre et en Belgique, où cependant elle est plus puissamment aidée qu'en France; engrais des villes recueillis, livrés à bas prix aux cultivateurs; réorganisation sur des bases différentes du service des voies secondaires de communication; multiplication de fermes expérimentales dirigées, non par des fonctionnaires, mais bien par des agriculteurs dont la nomination, le traitement, la direction, seraient exclusivement placés entre les mains des membres des Comices agricoles, largement subventionnés, mais auxquels leur subvention une fois servie, la plus grande latitude d'action serait laissée, quant à l'emploi de leurs ressources.

» Il y a un moyen fort simple d'arriver à une conclusion pratique : c'est de rechercher si, parmi les peuples qui nous entourent, rien d'analogue ne s'est passé, et si, dans leurs institutions, on ne retrouve pas les moyens qu'ils ont employés, pour accomplir les progrès dont on veut obtenir la réalisation, afin d'adopter, autant que les circonstances le permettent, la pratique qui a le mieux réussi.

» Ainsi s'exprime M. de la Trehonnais, rédacteur de la *Revue Agricole de l'Angleterre.* Dans la sixième livraison de ce recueil (année 1860), on trouve un article intitulé : *Considérations économiques et politiques sur l'amélioration de la propriété foncière,* contenant les détails les plus instructifs sur le mode suivi par le Gouvernement britannique à l'occasion de ses prêts en faveur du drainage. On y lit également d'intéressants détails sur la constitution de sociétés de crédit, *fonctionnant sous la surveillance de l'autorité supérieure,* et qui prêtent aux propriétaires : 1° pour drainer ; 2° pour irriguer ; 3° pour niveler ; 4° pour enclore des lais de mer ; 5° pour rectifier des cours d'eau ; 6° pour dessécher des marais ; 7° pour défricher des terrains vagues ; 8° pour construire des bâtiments d'exploitation.

» Il est de mode de présenter le Gouvernement anglais comme ne s'occupant point de protéger ses administrés, contre certaines natures de friponnerie. Le déposant demande seulement la même protection.

» On verra qu'elle est efficace. En effet, M. de la Tréhonnais (dont les assertions n'ont jamais été démenties), dit : « Une commission *gouvernementale* désignée sous le nom d'*Inclosure commission*, surveille les travaux exécutés par les compagnies, travaux qui doivent dans tous les cas être autorisés, avant leur entreprise, et approuvés après leur accomplissement, par un inspecteur officiel. » Grâce à ce contrôle, la consciencieuse exécution des travaux a été garantie, et le Gouvernement a pu, sans danger, autoriser la création de certains titres de rente progressivement amortissables, basés toujours sur la plus-value des domaines améliorés. Ces titres de rente se vendent à des capitalistes désireux d'avoir un revenu sûr, et c'est ainsi, qu'au moyen d'une action tutélaire de l'autorité, on a empêché des travaux dérisoires de servir de prétexte à de trompeurs certificats de rente qui auraient ruiné leurs détenteurs, en jetant, pour l'avenir, un discrédit irrémédiable sur toutes les opérations analogues fussent-elles même honorablement menées. »

VI

CONCLUSION.

§

Nous avons signalé déjà les réformes réclamées pour le régime hypothécaire, pour les contrats chirographaires; nous n'y reviendrons pas.

Nous ajouterons seulement que les jurisconsultes réclament le rétablissement de la clause de voie parée, telle qu'elle existait avant la loi du 2 juin 1841 ; elle dispensait le créancier des formalités exigées aujourd'hui pour suivre l'expropriation.

On pourrait aussi réclamer la suppression de l'art. 674 du Code de procédure, afin que le délai d'un mois placé par la loi entre le commandement et la saisie soit supprimé. Dans cet intervalle, le débiteur de mauvaise foi a le temps de détruire le gage du créancier, en enlevant les constructions, les récoltes, etc.

§

Nous demandons qu'un père de famille, tout en respectant les lois sur les partages, auxquelles nous ne voudrions porter aucune atteinte, soit libre de répartir sa fortune entre ses enfants majeurs ou mineurs, sans avoir à tenir compte de la nature de ses biens. Qu'il puisse attribuer une ferme de 20,000 fr. à l'un et une somme de 20,000 fr. à l'autre, sans que la loi s'y oppose. C'est un des meilleurs moyens de combattre la division indéfinie de la propriété.

La ferme est souvent réduite à des dimensions au-dessous desquelles il n'y a plus d'exploitation possible; quand on la partage, on place les co-héritiers dans l'impossibilité de se livrer à une gestion fructueuse, ou on les oblige à vendre la propriété. C'est la suppression du 2ᵉ § de l'art. 832 du Code civil que nous demandons.

§

Nous souhaitons aussi que la compétence des juges de paix soit étendue : 1° aux questions de propriété; 2° aux partages de famille au-dessous d'un certain chiffre ; 3° et en toute matière jusqu'à 1,000 fr. sans appel, et jusqu'à 1,500 fr. avec appel, de manière à diminuer de beaucoup tous les frais de procès. Il serait convenable, nous semble-t-il, de leur adjoindre, pour ces affaires, l'assistance de deux propriétaires notables désignés par la Cour Impériale et jugeant avec eux.

Nous voudrions aussi que les licitations dont la valeur estimative n'excède pas 1,200 fr. eussent lieu devant les juges de paix pour la simplification des formalités et des frais.

Nous pensons qu'on pourrait instituer, dans chaque canton, des conseils de tutelle pour soustraire les biens des mineurs à des licitations désastreuses, et donner à ces conseils le droit de statuer de la manière la plus économique possible dans le cas de successions dévolues à des mineurs et de vente de leurs biens.

§

La révision du cadastre, sa mise en harmonie avec l'état actuel des propriétés et avec le système hypothécaire, nous paraissent indispensables.

§

Le dégrèvement des impôts directs est universellement réclamé, et cette réclamation nous paraît des mieux justifiées.

Quand on a établi les budgets de l'Etat au commencement de ce siècle, la propriété mobilière n'existait pas. On a demandé au sol tous les impôts, et, depuis lors, ils n'ont fait qu'augmenter sous toutes les formes. L'égalité réclame un dégrèvement pour la terre qui devient et tend à devenir un objet de luxe, car elle n'est abordable que pour celui qui peut se passer du revenu qu'elle donne. Par l'imposition de la fortune mobilière dans une proportion plus élevée, on pourrait rétablir l'équilibre entre les différentes natures de propriétés.

Nous attendons du Code rural depuis longtemps réclamé :

Les moyens de faire respecter la propriété, par conséquent, l'organisation des gardes-champêtres, avec le droit pour eux de verbaliser comme agents de police ;

Une meilleure loi sur les cours d'eau, de manière à obtenir facilement leurs curages, leur redressement et leur application à l'irrigation ;

Des syndicats mixtes nommés d'office, moitié par l'administration, moitié par le suffrage des riverains et sans leur participation, en cas de refus, surveilleraient les questions d'irrigation et de curage ;

L'enlèvement complet de la question des cours d'eau aux tribunaux ; cette mission atttribuée à un jury spécial constitué administrativement ;

La suppression des parcours communaux partout où les terres sont susceptibles d'être livrées à la charrue ;

L'établissement de la vente au poids pour toutes les céréales et la suppression des usages locaux à cet endroit ;

L'établissement de livrets pour les serviteurs ruraux ;

La suppression de la phthisie pulmonaire du nombre des vices rédhibitoires, attendu que cette maladie n'est parfaitement connue que dans sa dernière période qui précède la mort de l'animal, et que sa présence dans la loi de 1838 donne lieu à des exactions qui sont la ruine des cultivateurs ;

La possibilité d'employer à l'agriculture le sel et l'eau de mer sans se heurter aux prohibitions fiscales.

Enfin, nous émettons les vœux suivants :

Que le système militaire de la France puisse être modifié, de manière à laisser un plus grand nombre de bras à la culture ;

Que les travaux des grandes villes soient restreints dans une proportion telle, que les ouvriers capables de la campagne puissent y être retenus ;

Que les loteries soient supprimées, aussi bien dans les emprunts de ville que dans ceux des compagnies par actions ;

Que de forts encouragements soient donnés aux Comices et

aux Sociétés d'agriculture, et qu'on ne leur retire pas. par le timbre de leurs affiches et les droits de poste, une partie de la subvention de l'Etat ;

Que les différents encouragements donnés à l'agriculture soient coordonnés et réunis comme cela se pratique pour les courses de chevaux ; qu'on ait les prix de l'Etat, ceux du département, ceux des Comices, etc. ;

Que des inspecteurs-professeurs d'agriculture soient établis dans chaque département ;

Que leur mission soit de surveiller et de régulariser l'action des Comices, de répandre l'enseignement agricole dans les séminaires, dans les écoles normales, dans des conférences publiques ;

Qu'un enseignement approprié aux besoins de l'agriculture soit répandu par tous les moyens possibles ;

Que le taux de l'exonération militaire soit abaissé pour la campagne ;

Que les droits de douane sur les guanos soient supprimés ;

Qu'il soit créé une représentation spéciale de l'agriculture, un Conseil général électif, dont la réunion ait lieu au moins tous les deux ans.

⁂

Nous demandons la suppression des droits sur les échanges, quand ils ont pour objet l'agglomération des propriétés. (Rétablissement de l'art. 2 de la loi du 16 juin 1824.)

La réduction de tous les droits sur les inscriptions hypothécaires et les obligations chirographaires ;

La réduction considérable des droits sur les baux agricoles ;

La réduction des droits de mutation des jpropriétés et l'obligation pour tous de faire enregistrer leurs titres ;

Le dégrèvement des droits de mutation en matière de succession. En aucun cas, ils ne devraient jamais s'appliquer au passif des successions, quand il est dûment justifié ; dans les successions commerciales le fisc ne perçoit les droits que sur le montant net du bilan et non sur l'actif brut.

Ces droits sont perçus deux fois, dans le cas de succession bénéficiaire, quand l'héritier est tenu de vendre. Cela est injuste.

On a demandé aussi qu'ils ne fussent pas prélevés sur la vente faite par un des héritiers à son co-héritier.

Plusieurs questionnaires réclament, et avec raison selon nous, que le droit de mutation ne soit pas prélevé plusieurs fois dans une année, sur la même propriété, lorsqu'il y a deux décès successifs dans la même famille. C'est transformer une épidémie ou une guerre en une source de prospérité pour le fisc.

Les droits cumulés de l'usufruitier et du nu-propriétaire ne devraient pas être supérieurs à un droit simple. Les droits à payer par le nu-propriétaire ne devraient être acquittés que quand il entre en jouissance.

Enfin, on demande avec insistance la réduction des droits sur les vins et alcools. Ces droits pourraient être perçus *ad valorem* ;

En établissant trois catégories de vins :

1° Ceux de 15 fr. l'hectolitre ;

2° Ceux de 60 fr. au plus ;

3° Ceux qui sont plus chers. On percevrait un droit différent sur chacune d'elles, de manière à dégrever le vin du pauvre.

Parmi les causes locales qui influencent l'agriculture d'une manière fâcheuse, le Comice agricole de Pau a signalé la tendance des villes à étendre de plus en plus leurs rayons d'octroi et à frapper ainsi des produits qui ne devraient pas être astreints aux droits.

Deux propriétés distantes de cent mètres paient des droits différents, suivant que l'une est dans l'octroi et l'autre en dehors.

Qu'un propriétaire coupe son foin, qu'il abatte quelques arbres, qu'il récolte avoine ou froment, l'octroi vient prélever immédiatement son droit, avant la vente, avant la consommation. Celui qui est à cent mètres plus loin ne paie qu'au moment où ses produits sont vendus et qu'il vient les livrer. Or, le premier comme le second peuvent vendre en dehors de l'octroi. Quelle compensation y a-t-il à cette inégalité ? Si du moins le propriétaire compris dans l'octroi jouissait des priviléges de la ville, éclairage, entretien des routes, etc.; mais il n'en est pas toujours ainsi; car, l'extension des limites d'octroi ayant pour effet d'augmenter les charges des villes, il en résulte que les parties excentriques sont moins bien traitées.

⸮

J'ai exposé consécutivement les causes qui entravent le développement de l'agriculture. Chemin faisant, j'ai indiqué les remèdes essentiels et urgents que réclame sa déplorable situation. Ils peuvent se résumer en quelques mots : l'agriculture a besoin d'hommes intelligents, de bras, de capitaux.

Ce sont ces trois désidérata que je veux reprendre successivement.

⸮

Les hommes intelligents viennent déjà à l'agriculture, et ils y viendront toujours plus, par suite du développement de la fortune mobilière.

Ceux qui ont une fortune faite veulent en mettre une partie à l'abri des variations, auxquelles sont sujettes les valeurs de portefeuille. Mais, chose étrange, il n'arriverait à personne de vouloir se faire banquier, commerçant, industriel, sans avoir des connaissances acquises, et tout le monde croit pouvoir s'improviser agriculteur et posséder la science infuse. Aussi en résulte-t-il beaucoup de mécomptes. De toutes les pratiques, l'agriculture est celle qui exige les connaissances les plus variées, et les qualités les plus multipliées.

Il faut donc à ces hommes des auxiliaires spéciaux, desquels dépendront le relèvement et la prospérité des entreprises. Rien n'est plus difficile à trouver aujourd'hui que ces régisseurs. — Où se trouveraient-ils d'ailleurs? En France, aucune école spéciale n'est à la disposition de ceux qui auraient la vocation voulue.

Quand un homme, qui a passé sa vie dans des carrières plus
ou moins sédentaires, vient chercher aux champs sa retraite
et un repos relatif, il ne s'imagine guère toutes les connaissances que va requérir son nouveau genre de vie. Indépendamment du talent nécessaire pour conduire les hommes, il
lui faudra des connaissances agricoles pratiques ; il faudra
qu'il sache diriger une construction dans ses détails et avec
économie, il faudrait même qu'il eût des connaissances de
comptabilité, de chimie, d'arpentage, que sais-je ? Car le jour
où il aura à appliquer une de ces branches de la science,
il lui sera souvent impossible de trouver à sa portée l'homme
spécial capable de le diriger.

En Belgique et en Allemagne, des écoles relevées répandent
un enseignement approprié à la formation de bons régisseurs.
Avec leur brevet, les élèves qui en sortent trouvent des fermes
à diriger et des capitaux à employer, suivant la conduite qu'ils
ont tenue. C'est cette jeunesse d'élite qui apporte à la campagne
une somme de connaissances acquises, au moyen desquelles se
réalisent les progrès dans la pratique de l'agriculture.

Les habitudes d'observation qu'ils ont contractées dans leurs
études se trouvant aux prises avec les faits de la production,
il en sort chaque jour d'utiles applications.

Chez nous, rien de semblable : nos propriétés sont livrées à
des hommes qui connaissent certains faits locaux que chacun
peut apprendre très vite, mais ils sont rebelles à toute espèce
d'amélioration et dépourvus des moyens de se rendre compte
des phénomènes qui se passent sous leurs yeux.

Quant aux bras, nous avons fait ressortir les causes qui les
éloignent des campagnes. Celles-ci ont besoin d'abord d'hommes forts et solides; mais il faut aussi qu'ils soient intelligents,
susceptibles de comprendre et d'appliquer les méthodes perfectionnées. Le plus grand obstacle à l'introduction des instruments nouveaux dans les exploitations, c'est d'abord la
maladresse excessive, sinon la mauvaise volonté de ceux qui

sont chargés de les mettre en œuvre ; mais, il faut y joindre aussi la nécessité de recourir à un mécanicien, quelquefois très éloigné, pour la moindre réparation qu'un ouvrier intelligent ferait sur place.

On voit donc que le personnel agricole est loin de répondre, quant à la qualité, aussi bien que pour la quantité, aux besoins du jour.

Si les instituteurs dans les écoles normales, les jeunes ecclésiastiques dans les séminaires, recevaient des notions d'agriculture, ils pourraient, à leur tour, les propager dans les campagnes et former une génération plus éclairée et plus susceptible de s'accommoder aux luttes du progrès.

§

Quant aux capitaux, il convient d'abord de ne pas épuiser l'agriculteur de ceux qu'il produit avec tant de peine, de temps et de patience pour les faire passer dans la cause du fisc. Il est nécessaire d'alléger les charges qu'il supporte sous toutes les formes, à chaque pas qu'il fait, à chaque transaction qu'il opère.

Que l'on compare la position de deux individus ayant chacun la même somme à placer, 100,000 francs par exemple ; que l'un veuille acheter une terre et l'autre des valeurs mobilières.

Celui-ci avec 1/8 p. 0/0 payés à l'agent de change et un timbre sera mis en possession d'un revenu de 5 p. 0/0 au moins, échéant tous les six mois. A-t-il besoin de faire un emprunt ? il a recours à la Banque qui, moyennant 3 1/2 ou 4 p. 0/0, lui fera des avances sur ses titres. Tout lui est facile et les frais à payer sont insignifiants.

L'autre, au contraire, commence par perdre 8 à 9 p. 0/0 pour l'achat de sa propriété. Il abandonne d'avance trois années du revenu probable. Il devra même prudemment réserver une partie du capital pour monter sa terre de bétail, d'instruments de culture, peut-être aussi pour améliorer les bâtiments, pour pourvoir à sa subsistance jusqu'à l'arrivée de récoltes disponibles, pendant un an au moins ; souvent davantage, s'il veut entrer dans la voie des améliorations. A-t-il besoin d'emprunter? il paiera encore 7 p. 0/0 au fisc et au notaire. Il végétera, tandis que l'autre jouira de l'aisance.

Et si le malheur veut qu'un décès vienne ouvrir, dans ces circonstances, la succession du rentier et celle du propriétaire, quelle énorme différence dans la situation relative des héritiers ?

Quelle différence considérable n'y a-t-il pas aussi entre une affaire commerciale en péril et une exploitation agricole grevée?

Le propriétaire sent la ruine l'envahir lentement, et cependant il ne recule pas à restreindre ses dépenses, sa consommation au strict nécessaire, tout en faisant de vains efforts pour liquider sa position. La propriété mise en vente ne trouve plus d'amateurs ; le goût de la propriété rurale s'en va. et ceux qui désirent s'en rendre maîtres, attendront que sa détresse soit plus grande pour le déposséder à vil prix ; tout cela faute de concurrence sérieuse.

Le commerçant, au contraire, liquide ses affaires, et, s'il s'est trompé, il porte ailleurs son activité et les ressources qui lui restent. Il peut recommencer à nouveau, avec plus de succès, et n'est pas rivé à une ruine inévitable.

Il ne suffit pas de laisser à l'agriculture, par les moyens que nous venons d'indiquer, les capitaux dont elle dispose. Il faut encore laisser ceux du dehors venir à elle par la simplification du régime hypothécaire. Alors, les industries agricoles pourront se fonder et aider la propriété à sortir de l'état d'infériorité dans lequel elle vit, quand elle est réduite à se soutenir par elle-même.

§

Après toutes ces réformes impérieusement réclamées par la nécessité de rendre à la France une prospérité qui est la base de toutes les autres, l'Etat aura le droit de dire à l'agriculture : « Aide-toi toi-même. » Il dépendra d'elle alors d'adopter des procédés meilleurs, d'améliorer ses cultures, ses fumiers, ses animaux, ses bâtiments, et les revenus indirects du pays s'augmenteront eux-mêmes au grand bénéfice de la société. Les millions, qui se trouveront répartis dans la main des producteurs, seront plus profitables à tous et à l'Etat lui-même, que la même somme versée dans les caisses publiques.

Espérons, en dernière analyse, que les cahiers de l'agriculture, présentés, sur tous les points de la France, par les hommes les plus éclairés, ne resteront pas enfouis dans les cartons officiels, et que de cette Enquête solennelle, sortiront des mesures appropriées avec intelligence aux nécessités actuelles et aux besoins futurs.

FIN.